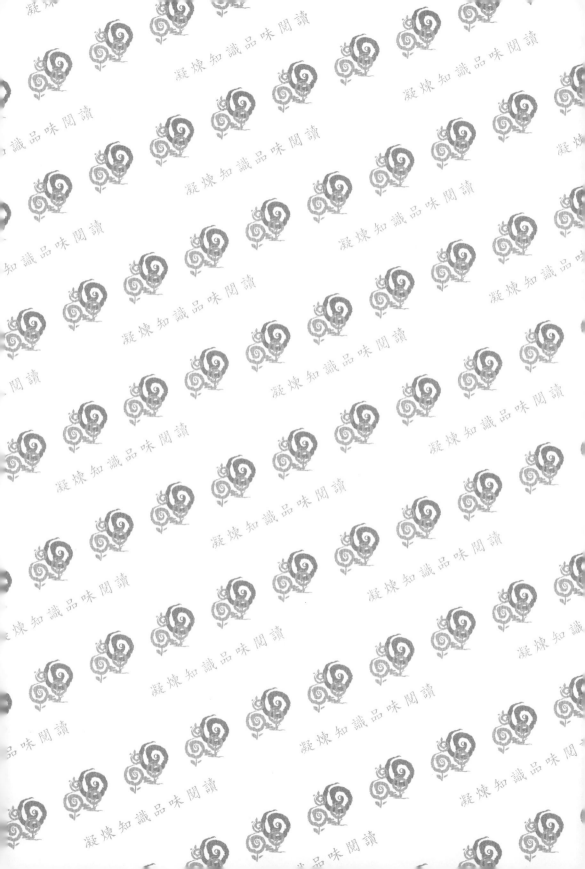

專門職業及技術人員

高考建築師營建法規
與實務考試完勝寶典

邱朝暉
高士峯 著

五南圖書出版公司 印行

下冊

自序

朝暉協助您建築師考試營建法規如何準備過關 SOP？

【本書脈絡】

1. 本書已將 10 年來歷屆試題蒐集彙整後，依照考選部命題大綱分類，但各法分類不採用條列式依序著作，這也是本書的目標與特色；各法分別用出題最為常考的法條重要程度先後呈現，加以說明該題目在考試中占有之地位來表示，另外讀者必須注意當年修正法規、建築法、建築技術規則、都市更新條例等相關修正條文，架構清楚之後回頭念要小心用語；不用計較法條的內容，但要記住法條的條號及條號談些什麼；要的是會思考的建築師，不是只會撿法條的建築師。

2. 書中分類重點提示：

   (1) 當讀者看到【適中】的註記表示非常重要，務必熟讀至少超過三次並將該條文倒背如流。

   (2) 題目出現【簡單】註記表示重要，必須要花點時間了解，並熟讀二次（表示近五年將考出兩次以上）。

   (3) 如果都出現【非常簡單】註記屬於常識題型，或是長久以來只有出現一次，可以簡單看過去就好。

   (4) 如果都出現註記【困難】、【非常困難】字眼也是簡單看過去就好，別在意為何不會，這類型題目表示很難無需浪費時間。

【如何搭配此書的時間安排】

1. 接下來將可以唸書時間排成：1＋4＋2＋2＋1 個月（後面會詳盡解說），從現在您翻開書本到考前，每天必須花費 0.5 至 2 小時念這本精華版營建法規。

2. 一日時間的安排建議：

   上午上班前 1 小時（記憶力最佳）、午休時間（默寫早上讀過的法條）、晚上睡前（複習），一週安排一天補足加班或無法念書的時間，若是進度順利就安排休假一天盡情的放鬆。

3. 讀書時間計畫安排建議：

   (1) 一般學員必須一個月（12 月）：蒐集近 10 年考古題，但是學員已不需要了，本書將幫您彙整完畢，考前 4 個月（1～4 月）：精讀本書標範圍內所有題庫法規所有題庫重點至少三遍以上

   (2) 二個月時間（5～6 月）：必須鎖定本書標有【適中】註記的（必須熟讀 3 次以上）這些題庫為必須拿下的分數表示考很多次的類型題目，不會的都要弄懂至少 90%（百分百掌握必考法規）（考試基本分數占至少 50%）。

   (3) 二個月時間（7～8 月）：本書標有【簡單】的，這類型表示為出現兩次必須花點時間了解（近五年兩次，一樣倒背如流）（考試基本分數占至少 20%）（熟讀 2 次）。

   (4) 一個月（9 月）：自己可以嘗試練習歷屆 10 年的試題當模擬考，標註原因及問題點，將錯誤題目了解為何錯誤及做筆記，當考前加強複習的資料。

   (5) 考前最後一個月（10 月）：再加強精讀本書一個條文出現很多題庫的題目，務必了解運用自己圖像式記憶方式背起來，準備應戰考狀元，抱持我讀完本書會及格的心態去應考。

【作者介紹】

目前擔任建築師事務所工務部專業技術管理及配合建築專案營建法規因應與對策檢討之職，從事營建品質管理現場 14 年多經驗及職業安全管理現場 7 年多經驗，發現提升自己最好的方式就是取得專業證照，個人觀點要擔任一位全方位的專業建築師，所需要的經驗相對要比一般專業人員要更多，這樣才資格擔任建築人的領頭羊。

本書的著作動力是工程經歷加上自己彙整的筆記實務經驗，加以去驗證高考建築師營建法規考試而生，也經過許多位同學的認同與驗證，始得著作本書的念頭。

例如營造現場與設計有所衝突時如何加以應變對策，促使建築設計與營造作業搭配繼續完成，這是靠經驗技術累積方能予以克服，也是本書針對營建法規考試衍生著作，也期望幫助有心想考取執照的學員們。

本書可以協助您知道如何準備應對建築師考試類科的營建法規這門科目，期待讀者讀完本書後以會及格的心態去應考，順利取得及格狀元資格。

【特別致謝】

本書的完成要感謝高士峯老師與呂憶婷同學的協助與指導，當然更要謝謝內人彩怡的全力支持與五南圖書全體人員的協助，才能讓本書亮麗登場。最後祝福讀者皆能學習大順暢、考試大順利、一切大順心、金榜題名、及格通過本科考試。

獨自翱翔的人，才有最強的翅膀，獨自行走的人才有最強的方向感，朝暉與您共勉

邱朝暉 2024 年春季

目　錄

第七章　政府採購法　087

第一章　國土計畫法

一、國土計畫法第3條

關鍵字與法條	條文內容
定義 【國土計畫法 #3】	本法用詞，定義如下： 一、國土計畫：指針對我國管轄之陸域及海域，為達成國土永續發展，所訂定引導國土資源保育及利用之空間發展計畫。 二、**全國國土計畫**：指以全國國土為範圍，所訂定目標性、政策性及整體性之國土計畫。 三、**直轄市、縣（市）國土計畫**：指以直轄市、縣（市）行政轄區及其海域**管轄範圍**，所訂定實質發展及管制之國土計畫。 四、**都會區域**：指由**一個以上**之中心都市為核心，及與中心都市在社會、經濟上具有高度關聯之直轄市、縣（市）或鄉（鎮、市、區）所共同組成之範圍。 五、**特定區域**：指具有特殊自然、經濟、文化或其他性質，經**中央主管機關**指定之範圍。 六、部門空間發展策略：指主管機關會商各目的事業主管機關，就其部門發展所需涉及空間政策或區位適宜性，綜合評估後，所訂定之發展策略。 七、國土功能分區：指基於保育利用及管理之需要，依土地資源特性，所劃分之國土保育地區、海洋資源地區、農業發展地區及城鄉發展地區。 八、成長管理：指為確保國家永續發展、提升環境品質、促進經濟發展及維護社會公義之目標，考量自然環境容受力，公共設施服務水準與財務成本、使用權利義務及損益公平性之均衡，規範城鄉發展之總量及型態，並訂定未來發展地區之適當區位及時程，以促進國土有效利用之使用管理政策及作法。

題庫練習：

（A）	國土計畫法用詞定義，下列敘述何者正確？	【適中】
	(A) 全國國土計畫：指以全國國土為範圍，所訂定目標性、政策性及整體性之國土計畫	

(B) 直轄市、縣（市）國土計畫：指以直轄市、縣（市）行政轄區除其海域管轄範圍外，所訂定實質發展及管制之國土計畫

(C) 都會區域：指由 2 個以上之中心都市為核心，及與中心都市在社會、經濟上、地域上、空間上具有高度關聯之鄉（鎮、市、區）所共同組成之範圍

(D) 特定區域：指具有特殊自然、經濟、文化或其他性質，經目的事業或直轄市、縣（市）主管機關指定之範圍

二、國土計畫法第 4 條

關鍵字與法條	條文內容
應辦理下列事項 【國土計畫法 #4】	中央主管機關應辦理下列事項： 一、全國國土計畫之擬訂、公告、變更及實施。 二、對直轄市、縣（市）政府推動國土計畫之核定及監督。 三、**國土功能分區劃設順序、劃設原則之規劃。** 四、使用許可制度及全國性土地使用管制之擬定。 五、國土保育地區或海洋資源地區之使用許可、許可變更及廢止之核定。 六、其他全國性國土計畫之策劃及督導。 直轄市、縣（市）主管機關應辦理下列事項： 一、直轄市、縣（市）國土計畫之擬訂、公告、變更及執行。 二、國土功能分區之劃設。 三、全國性土地使用管制之執行及直轄市、縣（市）特殊性土地使用管制之擬定、執行。 四、農業發展地區及城鄉發展地區之使用許可、許可變更及廢止之核定。 五、其他直轄市、縣（市）國土計畫之執行。

題庫練習：

(A)	國土計畫法規範主管機關應辦理之事項，下列何者正確？　　　【適中】 (A) 中央主管機關應辦理國土功能分區劃設順序、劃設原則之規劃 (B) 中央主管機關應辦理農業發展地區及城鄉發展地區之使用許可、許可變更及廢止之核定 (C) 直轄市、縣市主管機關應辦理國土保育地區或海洋資源地區之使用許可、許可變更及廢止之核定 (D) 直轄市、縣市主管機關應辦理一般性土地使用管制規定之擬定

三、國土計畫法第 9 條

關鍵字與法條	條文內容
應載明事項 【**國土計畫法 #9**】	**全國國土計畫**之內容，應載明下列事項： 一、計畫範圍及計畫年期。 二、**國土永續發展目標**。 三、基本調查及發展預測。 四、國土空間發展及成長管理策略。 五、國土功能分區及其分類之劃設條件、劃設順序、土地使用指導事項。 六、**部門空間發展策略**。 七、**國土防災策略及氣候變遷調適策略**。 八、國土復育促進地區之**劃定原則**。 九、應辦事項及實施機關。 十、其他相關事項。 全國國土計畫中涉有依前條第二項擬訂之都會區域或特定區域範圍相關計畫內容，得另以附冊方式定之。

題庫練習：

（C）	依國土計畫法規定，下列何者非屬全國國土計畫應載明事項？　【困難】 (A) 國土永續發展目標 (B) 國土防災策略及氣候變遷調適策略 (C) 國土復育促進地區之建議事項 (D) 部門空間發展策略

四、國土計畫法第 10 條

關鍵字與法條	條文內容
應載明事項 【**國土計畫法 #10**】	**直轄市、縣（市）國土計畫**之內容，應載明下列事項： 一、計畫範圍及計畫年期。 二、全國國土計畫之指示事項。 三、直轄市、縣（市）之發展目標。 四、基本調查及發展預測。 五、**直轄市、縣（市）空間發展及成長管理計畫**。 六、國土功能分區及其分類之劃設、調整、土地使用管制原則。 七、**部門空間發展計畫**。

關鍵字與法條	條文內容
	八、**氣候變遷調適計畫**。 九、國土復育促進地區之**建議事項**。 十、應辦事項及實施機關。 十一、其他相關事項。

題庫練習：

（B） 下列何者非屬直轄市、縣（市）國土計畫應載明事項？ 　【適中】 　　(A) 直轄市、縣（市）空間發展及成長管理計畫 　　(B) 國土永續發展目標 　　(C) 部門空間發展計畫 　　(D) 氣候變遷調適計畫	

五、國土計畫法第 12 條

關鍵字與法條	條文內容
公開展覽及公聽會 【國土計畫法#12】	國土計畫之擬訂，應邀集學者、專家、民間團體等舉辦座談會或以其他適當方法廣詢意見，作成紀錄，以為擬訂計畫之參考。 國土計畫擬訂後送審議前，**應公開展覽三十日及舉行公聽會**；公開展覽及公聽會之日期及地點應登載於政府公報、新聞紙，並以網際網路或其他適當方法廣泛周知。人民或團體得於公開展覽期間內，以書面載明姓名或名稱及地址，向該管主管機關提出意見，由該管機關參考審議，併同審議結果及計畫，分別報請行政院或中央主管機關核定。 前項審議之進度、結果、陳情意見參採情形及其他有關資訊，應以網際網路或登載於政府公報等其他適當方法廣泛周知。

題庫練習：

（C） 有關國土計畫法規定有關公開展覽及公聽會之敘述，下列何者正確？ 　　　　　　　　　　　　　　　　　　　　　　　　　　　　　　【適中】 　　(A) 國土計畫擬訂後送審議前，應公開展覽 40 日及舉行公聽會 　　(B) 國土計畫經核定後，擬訂機關應將計畫函送各有關直轄市、縣（市）政府及鄉（鎮、市、區）公所分別公開展覽；其展覽期間，不得少於 60 日	

(C) 直轄市、縣（市）主管機關受理使用許可之申請後，除屬須送中央主管機關審議之填海造地案件者外，經審查符合受理要件者，應於審議前將其書圖文件於申請使用案件所在地鄉（鎮、市、區）公所公開展覽 30 日及舉行公聽會

(D) 前項公開展覽期間內，人民或團體得向主管機關提出意見。主管機關應於公開展覽期滿之日起 15 日內彙整人民或團體意見報請審議

六、國土計畫法第 20、22、24 條

關鍵字與法條	條文內容
國土功能分區依土地資源特性劃分【國土計畫法#20】	各國土功能分區及其分類之劃設原則如下： 一、**國土保育地區**：依據天然資源、自然生態或景觀、災害及其防治設施分布情形加以劃設，並按環境敏感程度，予以分類： （一）第一類：具豐富資源、重要生態、珍貴景觀或易致災條件，其環境敏感程度較高之地區。 （二）第二類：具豐富資源、重要生態、珍貴景觀或易致災條件，其環境敏感程度較低之地區。 （三）其他必要之分類。 二、**海洋資源地區**：依據內水與領海之現況及未來發展需要，就海洋資源保育利用、原住民族傳統使用、特殊用途及其他使用等加以劃設，並按用海需求，予以分類： （一）第一類：使用性質具排他性之地區。 （二）第二類：使用性質具相容性之地區。 （三）其他必要之分類。 三、**農業發展地區**：依據農業生產環境、維持糧食安全功能及曾經投資建設重大農業改良設施之情形加以劃設，並按農地生產資源條件，予以分類： （一）第一類：具優良農業生產環境、維持糧食安全功能或曾經投資建設重大農業改良設施之地區。 （二）第二類：具良好農業生產環境、糧食生產功能，為促進農業發展多元化之地區。 （三）其他必要之分類。 四、**城鄉發展地區**：依據都市化程度及發展需求加以劃設，並按發展程度，予以分類： （一）第一類：都市化程度較高，其住宅或產業活動高度集中之地區。 （二）第二類：都市化程度較低，其住宅或產業活動具有一定規模以上之地區。 （三）其他必要之分類。 新訂或擴大都市計畫案件，應以位屬城鄉發展地區者為限。

關鍵字與法條	條文內容
國土功能分區圖編定適當使用地 【國土計畫法#22】	直轄市、縣（市）國土計畫公告實施後，應由各該主管機關依**各級國土計畫國土功能分區之劃設內容，製作國土功能分區圖及編定適當使用地，並實施管制。** 前項國土功能分區圖，除為加強國土保育者，得隨時辦理外，應於國土計畫所定之一定期限內完成，並應報經中央主管機關核定後公告。 前二項國土功能分區圖與使用地繪製之辦理機關、製定方法、比例尺、辦理、檢討變更程序及公告等之作業辦法，由中央主管機關定之。
國土功能分區及其分類之使用原則 【國土計畫法#24】	於符合第二十一條**國土功能分區及其分類之使用原則下，從事一定規模以上或性質特殊之土地使用，**應由申請人檢具第二十六條規定之書圖文件申請使用許可；其一定規模以上或性質特殊之土地使用，其認定標準，由中央主管機關定之。 前項**使用許可不得變更國土功能分區、分類，且填海造地案件限於城鄉發展地區申請，並符合海岸及海域之規劃。** 第一項使用許可之申請，由直轄市、縣（市）主管機關受理。申請使用許可範圍屬國土保育地區或海洋資源地區者，由直轄市、縣（市）主管機關核轉中央主管機關審議外，其餘申請使用許可範圍由直轄市、縣（市）主管機關審議。但申請使用範圍跨二個直轄市、縣（市）行政區以上、興辦前條第五項國防、重大之公共設施或公用事業計畫跨二個國土功能分區以上致審議之主管機關不同或填海造地案件者，由中央主管機關審議。 變更經主管機關許可之使用計畫，應依第一項及第三項規定程序辦理。但變更內容性質單純者，其程序得予以簡化。 各級主管機關應依第七條規定辦理審議，並應收取審查費；其收費辦法，由中央主管機關定之。 申請人取得主管機關之許可後，除申請填海造地使用許可案件依第三十條規定辦理外，應於規定期限內進行使用；逾規定期限者，其許可失其效力。未依經許可之使用計畫使用或違反其他相關法規規定，經限期改善而未改善或經目的事業、水土保持、環境保護等主管機關廢止有關計畫者，廢止其使用許可。 第一項及第三項至第六項有關使用許可之辦理程序、受理要件、審議方式與期限、已許可使用計畫應辦理變更之情形與辦理程序、許可之失效、廢止及其他相關事項之辦法，由中央主管機關定之。

題庫練習：

（B）	國土計畫法有關國土功能分區之規定，下列敘述何者正確？　【困難】

(A) 國土功能分區依土地資源特性劃分為國土保育地區、農業發展地區、城鄉發展地區及環境敏感地區等四種

(B) 為加強國土保育，得隨時辦理國土功能分區圖檢討變更，依各級國土計畫國土功能分區之劃設內容，將國土功能分區或分類變更為使用管制規定更為嚴格之其他功能分區或分類

(C) 各國土功能分區及其分類申請使用許可，從事一定規模以上或性質特殊之土地使用，於經申請許可後，得變更原國土功能分區及其分類之使用原則

(D) 國土功能分區及其分類之使用，得透過使用許可之申請，從事一定規模以上或性質特殊之土地使用，並於經許可後辦理功能分區及其分類之變更

七、國土計畫法第 23 條

關鍵字與法條	條文內容
中央原住民族主管機關訂定 【國土計畫法#23】	國土保育地區以外之其他國土功能分區，如有符合國土保育地區之劃設原則者，除應依據各該國土功能分區之使用原則進行管制外，並應按其資源、生態、景觀或災害特性及程度，予以禁止或限制使用。 國土功能分區及其分類之使用地類別編定、變更、規模、可建築用地及其強度、應經申請同意使用項目、條件、程序、免經申請同意使用項目、禁止或限制使用及其他應遵行之土地使用管制事項之規則，由中央主管機關定之。但屬實施都市計畫或國家公園計畫者，仍依都市計畫法、國家公園法及其相關法規實施管制。 前項規則中涉及原住民族土地及海域之使用管制者，**應依原住民族基本法第二十一條規定辦理，並由中央主管機關會同中央原住民族主管機關訂定。** 直轄市、縣（市）主管機關得視地方實際需要，依全國國土計畫土地使用指導事項，由該管主管機關另訂管制規則，並報請中央主管機關核定。 國防、重大之公共設施或公用事業計畫，得於各國土功能分區申請使用。

題庫練習：

（C）　國土計畫法中，有關原住民族參與國土規劃與管制之規定，下列敘述何者錯誤？　　　　　　　　　　　　　　　　　　　　【適中】

(A) 國土規劃涉及原住民族之土地，應尊重及保存其傳統文化、領域及智慧，並建立互利共榮機制

(B) 全國國土計畫中特定區域之內容，如涉及原住民族土地及海域者，應依原住民族基本法第 21 條規定辦理，並由中央主管機關會同中央原住民族主管機關擬訂

(C) 依國土計畫法所授權訂定規範國土功能分區及其分類之使用地類別編定、變更，涉及原住民族土地及海域之使用管制者，應依原住民族基本法第 21 條規定辦理，並由地方主管機關會同地方原住民族主管機關訂定

(D) 國土復育促進地區之劃定，應以保育和禁止開發行為及設施之設置為原則；如涉及原住民族土地，劃定機關應邀請原住民族部落參與計畫之擬定、執行與管理

八、國土計畫法第 44 條

關鍵字與法條	條文內容
國土永續發展基金之用途 【國土計畫法#44】	中央主管機關應設置國土永續發展基金；其基金來源如下： 一、使用許可案件所收取之 國土保育費 。 二、政府循預算程序之撥款。 三、自來水事業機構附徵之一定比率費用。 四、電力事業機構附徵之一定比率費用。 五、違反本法罰鍰之一定比率提撥。 六、民間捐贈。 七、本基金孳息收入。 八、其他收入。 前項第二款政府之撥款，自本法施行之日起，中央主管機關應視國土計畫檢討變更情形逐年編列預算移撥，於本法施行後十年，移撥總額不得低於新臺幣五百億元。第三款及第四款來源，自本法施行後第十一年起適用。 第一項第三款至第五款，其附徵項目、一定比率之計算方式、繳交時間、期限與程序及其他相關事項之辦法，由中央主管機關定之。

關鍵字與法條	條文內容
	國土永續發展基金之用途如下： 一、**依本法規定辦理之補償所需支出。** 二、國土之規劃研究、調查及土地利用之監測。 三、依第一項第五款來源補助直轄市、縣（市）主管機關辦理違規查處及支應民眾檢舉獎勵。 四、其他國土保育事項。

題庫練習：

（C）1. 國土計畫中央主管機關應設置國土永續發展基金，下列何者為國土永續發展基金之用途？　　　　　　　　　　　　　　【適中】
　　　(A) 依國土計畫規劃之公共建設所需工程經費
　　　(B) 依國土計畫規劃之土地徵收經費
　　　(C) 依國土計畫法規定辦理補償所需支出
　　　(D) 國土復育促進地區復育計畫之執行所需支出

（A）2. 依國土計畫法規定，中央主管機關應設置國土永續發展基金，下列何者非屬基金來源？　　　　　　　　　　　　　　【適中】
　　　(A) 使用許可案件所收取之影響費
　　　(B) 政府循預算程序之撥款
　　　(C) 違反國土計畫法罰鍰之一定比率提撥
　　　(D) 民間捐贈

九、國土計畫法第 45 條

關鍵字與法條	條文內容
公告實施全國國土計畫 【國土計畫法#45】	1. 中央主管機關應於本法施行後 二 年內，公告實施全國國土計畫。 2. 直轄市、縣（市）主管機關應於**全國國土計畫公告實施後** 三 **年內，依中央主管機關指定之日期，一併公告實施直轄市、縣（市）國** 土計畫；並於直轄市、縣（市）國土計畫公告實施後 四 年內，依中央主管機關指定之日期，**一併公告國土功能分** 區圖。 3. 直轄市、縣（市）主管機關依前項公告國土功能分區圖之日起，區域計畫法 不再適用。

題庫練習：

> （A）　依國土計畫法規定，下列敘述何者正確？　　　　　　　【適中】
> 　　（A）中央主管機關應於本法施行後 2 年內，公告實施全國國土計畫
> 　　（B）直轄市、縣（市）主管機關應於全國國土計畫公告實施後 4 年內，依中央主管機關指定之日期，一併公告實施直轄市、縣（市）國土計畫
> 　　（C）直轄市、縣（市）主管機關應於直轄市、縣（市）國土計畫公告實施後 3 年內，依中央主管機關指定之日期，一併公告國土功能分區圖
> 　　（D）直轄市、縣（市）主管機關依前述公告國土功能分區圖之日起，區域計畫法、都市計畫法及國家公園法不再適用

十、國土計畫法施行細則第 4 條

關鍵字與法條	條文內容
全國國土計畫 【國土計畫法施行細則 #4】	本法第九條第一項所定全國國土計畫之計畫年期、基本調查、國土空間發展及成長管理策略、部門空間發展策略，其內容如下： 一、計畫年期：**以不超過二十年為原則。** 二、基本調查：以全國空間範圍為尺度，蒐集人口、住宅、經濟、土地使用、運輸、公共設施、自然資源及其他相關項目現況資料，並調查國土利用現況。 三、**國土空間發展及成長管理策略應載明下列事項：** （一）國土空間發展策略 　　1.天然災害、自然生態、自然與人文景觀及自然資源保育策略。 　　2.海域保育或發展策略。 　　3.農地資源保護策略及全國農地總量。 　　4.城鄉空間發展策略。 （二）成長管理策略 　　1. 城鄉發展總量及型態。2. 未來發展地區。3. 發展優先順序。 （三）其他相關事項。 四、**部門空間發展策略，應包括住宅、產業、運輸、重要公共設施及其他相關部門**，並載明下列事項：（一）發展對策。（二）發展區位。

題庫練習：

（C）	關於全國國土計畫，下列敘述何者正確？　　　　　　　　【適中】 (A) 全國國土計畫之計畫年期以不超過 25 年為原則 (B) 全國國土計畫之國土空間發展策略應載明「環境品質提升及公共設施提供策略」 (C) 全國國土計畫之部門空間發展策略應包括住宅、產業、運輸、重要公共設施及其他相關部門 (D) 全國國土計畫之成長管理策略應載明「直轄市、縣（市）宜維護農地面積及區位」

十一、國土計畫法施行細則第 4、6 條

關鍵字與法條	條文內容
計畫年期 【國土計畫法施行細則 #4、6】	【國土綜合開發計畫施行細則 #4】 本法第九條第一項所定全國 國土計畫 之計畫年期、基本調查、國土空間發展及成長管理策略、部門空間發展策略，其內容如下： 一、計畫年期：以不超過二十年為原則。 【國土綜合開發計畫施行細則 #6】 本法第十條所定 直轄市、縣（市）國土計畫之計畫年期、基本調查、直轄市、縣（市）空間發展及成長管理計畫、部門空間發展計畫，其內容如下： 一、計畫年期：以不超過二十年為原則。

題庫練習：

（B）	有關國土計畫及區域計畫之法定計畫年期，下列敘述何者正確？【適中】 (A) 全國國土計畫之計畫年期，以不超過 30 年為原則 (#4) (B) 直轄市、縣（市）國土計畫之計畫年期，以不超過 20 年為原則 (#6) (C) 全國 區域計畫 之計畫年期，以不超過 20 年為原則 (D) 直轄市、縣（市）區域計畫之計畫年期，以不超過 10 年為原則

第二章 區域計畫法體系

一、區域計畫法施行細則第 11 條

關鍵字與法條	條文內容
土地分區使用計畫 其管制對象 【區域計畫法施行細則 #11】	非都市土地得劃定為下列各種使用區： 一、**特定農業區**：優良農地或曾經投資建設重大農業改良設施，經會同農業主管機關認為必須加以特別保護而劃定者。 二、**一般農業區**：特定農業區以外供農業使用之土地。 三、工業區：為促進工業整體發展，會同有關機關劃定者。 四、**鄉村區**：為調和、改善農村居住與生產環境及配合政府興建住宅社區政策之需要，會同有關機關劃定者。 五、森林區：為保育利用森林資源，並維護生態平衡及涵養水源，依森林法等有關法規，會同有關機關劃定者。 六、山坡地保育區：為保護自然生態資源、景觀、環境，與**防治沖蝕、崩塌、地滑、土石流失**等地質災害，及涵養水源等水土保育，依有關法規，會同有關機關劃定者。 七、風景區：為維護自然景觀，改善國民康樂遊憩環境，依有關法規，會同有關機關劃定者。 八、**國家公園區**：為保護國家特有之自然風景、史蹟、野生物及其棲息地，並供國民育樂及研究，依國家公園法劃定者。 九、**河川區**：為保護水道、確保河防安全及水流宣洩，依水利法等有關法規，會同有關機關劃定者。 十、**海域區**：為促進海域資源與土地之保育及永續合理利用，防治海域災害及環境破壞，依有關法規及實際用海需要劃定者。 十一、**其他使用區或特定專用區**：為利各目的事業推動業務之實際需要，依有關法規，會同有關機關劃定並註明其用途者。

題庫練習：

（C）1. 依區域計畫法施行細則，下列何者不屬於非都市土地使用區？【困難】
(A) 一般農業區　(B) 工業區　(C) 水庫區　(D) 國家公園區

（D）2. 依區域計畫法施行細則之相關規定，非都市土地得劃定之使用分區，下列何者錯誤？　　　　　　　　　　　　　　　　　【適中】

　　　　(A) 森林區　　(B) 工業區　　(C) 風景區　　(D) 保護區

(C) 3. 下列何者為山坡地保育區劃定之主旨？　　　　　　　　　　【適中】

　　　(A) 保育利用森林資源

　　　(B) 促進林地經濟發展

　　　(C) 防治沖蝕、崩塌、地滑、土石流失

　　　(D) 提供野生動物之棲息

(D) 4. 依據區域計畫法施行細則，非都市土地使用分區、使用地編定與使用
　　　管制，在直轄市或縣（市）政府是由哪一單位主辦？　　　　【適中】

　　　(A) 工務　　(B) 建設　　(C) 城鄉發展　　(D) 地政

二、區域計畫法第 1 條

關鍵字與法條	條文內容
制定之目的 【區域計畫法 #1】	為促進土地及天然資源之保育利用，人口及產業活動之合理分布，以加速並 健 全經濟發展，改 善生活環境，增 進公共福利，特制定本法。

題庫練習：

(D)　下列何者不是區域計畫法制定之目的？　　　　　　　　【簡單】 　　(A) 健全經濟發展　　　　　　　(B) 改善生活環境 　　(C) 增進公共福利　　　　　　　(D) 加速人口成長	

三、區域計畫法第 6 條、區域計畫法施行細則第 3 條

關鍵字與法條	條文內容
擬定機關 【區域計畫法 #6】	區域計畫之擬定機關如下： 一、跨越兩個省（市）行政區以上之區域計畫，由中央主管機關擬定。 二、跨越兩個縣（市）行政區以上之區域計畫，由中央主管機關擬定。 三、跨越兩個鄉、鎮（市）行政區以上之區域計畫，由縣主管機關擬定。 依前項第三款之規定，應擬定而未能擬定時，上級主管機關得視實際情形，指定擬定機關或代為擬定。

關鍵字與法條	條文內容
計畫年期 【區域計畫法施行細則 #3】	各級主管機關依本法擬定區域計畫時，得要求有關政府機關或民間團體提供資料，必要時得徵詢事業單位之意見，其**計畫年期以不超過二十五年為原則**。

題庫練習：

（C）	關於區域計畫之擬定，下列何者錯誤？	【適中】

　　(A) 跨越兩個省（市）行政區以上之區域計畫，由中央主管機關擬定
　　(B) 跨越兩個縣（市）行政區以上之區域計畫，由中央主管機關擬定
　　(C) 擬定區域計畫時，其計畫年期以不超過 20 年為原則
　　(D) 區域計畫之環境敏感地區，包括天然災害、生態、文化景觀、資源生產及其他環境敏感等地區

四、區域計畫法第 13 條

關鍵字與法條	條文內容
得隨時檢討變更 【區域計畫法#13】	區域計畫公告實施後，擬定計畫之機關應視實際發展情況，**每五年通盤檢討一次**，並作必要之變更。但有下列情事之一者，得隨時檢討變更之： 一、發生或避免重大災害。 二、興辦重大開發或建設事業。 三、區域建設推行委員會之建議。 區域計畫之變更，依第九條及第十條程序辦理；必要時上級主管機關得比照第六條第二項規定變更之。

題庫練習：

（C）	區域計畫不得因下列何者隨時檢討變更之？	【簡單】

　　(A) 發生重大災害
　　(B) 區域建設推行委員會之建議
　　(C) 民意機關之決議
　　(D) 興辦重大開發

五、區域計畫法第 21 條

關鍵字與法條	條文內容
擬定機關 【區域計畫法#21】	違反第十五條第一項之管制使用土地者，由該管直轄市、縣（市）政府處新臺幣六萬元以上三十萬元以下罰鍰，並得限期令其變更使用、停止使用或拆除其地上物恢復原狀。 前項情形經限期變更使用、停止使用或拆除地上物恢復原狀而不遵從者，得按次處罰，並停止供水、供電、封閉、強制拆除或採取其他恢復原狀之措施，其費用由土地或地上物所有人、使用人或管理人負擔。 前二項罰鍰，經限期繳納逾期不繳納者，移送法院強制執行。

題庫練習：

（A）	違反非都市土地編定使用之規定，相關處罰之敘述何者錯誤？　【簡單】 (A) 該管縣（市）政府必須處以新臺幣 6 萬元以上 30 萬元以下罰鍰，即可辦理免拆除其地上物繼續使用 (B) 經首次處罰後再不遵從者，得按次處罰，並停止供水、供電、封閉、強制拆除或採取其他恢復原狀之措施 (C) 強制拆除費用由土地或地上物所有人、使用人或管理人負擔 (D) 罰鍰經限期繳納而逾期不繳納者，可以移送法院強制執行

六、區域計畫法施行細則第 10 條

關鍵字與法條	條文內容
土地分區使用計畫 其管制對象 【區域計畫法施行細則 #10】	區域土地應符合**土地分區使用計畫**，並依下列規定管制： 一、都市土地：包括已發布都市計畫及依都市計畫法第八十一條規定為新訂都市計畫或擴大都市計畫而先行劃定計畫地區範圍，實施禁建之土地；其使用依都市計畫法管制之。 二、非都市土地：指都市土地以外之土地；其使用依本法第十五條規定訂定非都市土地使用管制規則管制之。 前項範圍內依國家公園法劃定之國家公園土地，依國家公園計畫管制之。

題庫練習：

（B）	依區域計畫法施行細則規定，區域土地之土地分區使用計畫其管制對象有哪些？①都市土地②非都市土地③國家公園土地　　　　　　【適中】 (A) ①③　(B) ①②　(C) ②③　(D) ①②③

七、實施區域計畫地區建築管理辦法第 4-1 條

關鍵字與法條	條文內容
活動斷層線通過地區管制規定 【實施區域計畫地區建築管理辦法#4-1】	活動斷層線通過地區，當地縣（市）政府得劃定範圍予以公告，並依下列規定管制： 一、不得興建公有建築物。 二、**依非都市土地使用管制規則規定得為建築使用之土地**，其建築物高度不得超過二層樓、簷高不得超過七公尺，並**限作自用農舍或自用住宅使用**。 三、於各種用地內申請建築自用農舍，除其建築物高度不得超過二層樓、簷高不得超過七公尺外，依第五條規定辦理。

題庫練習：

（C）	依實施區域計畫地區建築管理辦法規定，實施區域計畫範圍之活動斷層線通過地區，其建築管制規定，下列敘述何者正確？　　　　　　【困難】 (A) 內政部得劃定活動斷層線通過範圍予以公告及管制 (B) 除當地縣（市）政府審查許可外，不得興建公有建築物 (C) 依非都市土地使用管制規則規定得為建築使用之土地，限作自用農舍或自用住宅使用 (D) 於各種用地內申請建築自用農舍其高度不得超過 3 層樓

第三章　非都市土地使用管制規則

一、非都市土地使用管制規則第 9 條

關鍵字與法條	條文內容
使用地之中央主管機關會同建築管理、地政機關訂定 【非都市土地使用管制規則 #9】	下列非都市土地建蔽率及容積率不得超過下列規定。但**直轄市或縣（市）政府得視實際需要酌予調降，並報請中央主管機關**備查： 一、甲種建築用地：建蔽率 6 0%。容積率 24 0%。 二、乙種建築用地：建蔽率 6 0%。容積率 24 0%。 三、丙種建築用地：建蔽率百分之四十。容積率百分之一百二十。 四、丁種建築用地：建蔽率 7 0%。容積率 30 0%。 五、窯業用地：建蔽率百分之六十。容積率百分之一百二十。 六、交通用地：建蔽率 4 0%。容積率 12 0%。 七、遊憩用地：建蔽率 4 0%。容積率 12 0%。 八、殯葬用地：建蔽率 4 0%。容積率 12 0%。 九、特定目的事業用地：建蔽率 6 0%。容積率 18 0%。 經依區域計畫擬定機關核定之工商綜合區土地使用計畫而規劃之特定專用區，區內可建築基地經編定為特定目的事業用地者，其建蔽率及容積率依核定計畫管制，不受前項第九款規定之限制。 經主管機關核定之土地使用計畫，其建蔽率及容積率低於第一項之規定者，依核定計畫管制之。 第一項以**外使用地之建蔽率及容積率，由下列使用地之中央主管機關會同建築管理、地政機關訂定**： 一、農牧、林業、生態保護、國土保安用地之中央主管機關：行政院農業委員會。 二、養殖用地之中央主管機關：行政院農業委員會漁業署。 三、鹽業、礦業、水利用地之中央主管機關：經濟部。 四、古蹟保存用地之中央主管機關：文化部。

題庫練習：

（B）1. 非都市土地建蔽率及容積率之訂定，需由使用地之中央主管機關會同建築管理與地政機關辦理之規定，下列何者錯誤？ 【適中】
  (A) 生態保護及國土保安用地由行政院農業委員會負責訂定
  (B) 鹽業、礦業、水利及養殖用地由經濟部負責訂定
  (C) 古蹟保存用地由文化部負責訂定
  (D) 農牧及林業用地由行政院農業委員會負責訂定

（D）2. 有關非都市土地建蔽率及容積率之規定，下列何者正確？ 【適中】
  (A) 交通用地：建蔽率百分之五十，容積率百分之一百
  (B) 遊憩用地：建蔽率百分之四十，容積率百分之一百六十
  (C) 殯葬用地：建蔽率百分之三十，容積率百分之一百二十
  (D) 特定目的事業用地：建蔽率百分之六十，容積率百分之一百八十

（D）3. 依「非都市土地使用管制規則」遊憩用地之建蔽率及容積率最大不得超過下列何項規定？ 【簡單】
  (A) 建蔽率 60%，容積率 240%　　(B) 建蔽率 60%，容積率 180%
  (C) 建蔽率 40%，容積率 160%　　(D) 建蔽率 40%，容積率 120%

（B）4. 非都市土地各使用地別的建蔽率及容積率擬定之敘述何者錯誤？【適中】
  (A) 直轄市或縣（市）政府可以視實際需要酌予調降，並報請內政部備查
  (B) 鹽業、礦業、水利用地由行政院農業委員會會同建築管理、地政機關訂定
  (C) 古蹟保存用地由文化部會同建築管理、地政機關訂定
  (D) 生態保護、國土保安用地由行政院農業委員會會同建築管理、地政機關訂定

（B）5. 非都市土地建蔽率及容積率之規定，下列何者錯誤？ 【簡單】
  (A) 甲種建築用地：建蔽率 60%，容積率 240%
  (B) 乙種建築用地：建蔽率 50%，容積率 200%
  (C) 丙種建築用地：建蔽率 40%，容積率 120%
  (D) 丁種建築用地：建蔽率 70%，容積率 300%

（D）6. 依「非都市土地使用管制規則」規定，丁種建築用地之建蔽率（x）及容積率（y）規定為何？ 【簡單】
  (A) x：40%；y：120%　　　　(B) x：60%；y：240%
  (C) x：60%；y：300%　　　　(D) x：70%；y：300%

（C）7. 下列哪一種非都市土地，其建蔽率為 40%，容積率 120%？ 【適中】
  (A) 乙種建築用地　(B) 丁種建築用地　(C) 交通用地　(D) 窯業用地

（C）8. 依非都市土地使用管制規則之規定，下列何者用地均應由行政院農業
委員會會同建築管理、地政機關訂定其建蔽率及容積率？　【適中】
(A) 礦業、窯業、國土保安
(B) 養殖、水利、特定目的事業
(C) 農牧、林業、生態保護、國土保安
(D) 古蹟保存、農牧、特定目的事業

二、非都市土地使用管制規則第 11 條

關鍵字與法條	條文內容
1 公頃 /50 戶→鄉村區 **2 公頃→** 1. 其他殯葬（特定專用區） 2. 其他開發（特定專用區） **5 公頃→** 1. 創新工業（工業區） 2. 遊憩設施（特定專用區） 3. 公墓（特定專用區） **10 公頃→** 1. 工業（工業區） 2. 學校（特定專用區） 3. 高爾夫（特定專用區） **【非都市土地使用管制規則 #11】**	非都市土地申請開發達下列規模者，**應辦理土地使用分區變更：** 一、申請**開發社區**之計畫達**五十戶**或土地面積在**一公頃**以上，應變更為鄉村區。 二、申請開發為工業使用之土地面積達十公頃以上或依產業創新條例申請開發為**工業使用**之土地面積達**五公頃**以上，應變更為**工業區**。 三、申請開發**遊憩設施**之土地面積達**五公頃**以上，應變更為**特定專用區**。 四、申請設立**學校**之土地面積達**十公頃**以上，應變更為**特定專用區**。 五、申請開發**高爾夫球場**之土地面積達**十公頃**以上，應變更為**特定專用區**。 六、申請開發**公墓**之土地面積達**五公頃**以上或其他**殯葬**設施之土地面積達**二公頃**以上，應變更為特定專用區。 七、前六款以外開發之土地面積達二公頃以上，應變更為特定專用區。
	前項辦理土地使用分區變更案件，申請開發涉及其他法令規定開發所需最小規模者，並應符合各該法令之規定。
	申請開發涉及填海造地者，應按其開發性質辦理變更為適當土地使用分區，不受第一項規定規模之限制。
	中華民國七十七年七月一日本規則修正生效後，同一或不同申請人向目的事業主管機關提出二個以上興辦事業計畫申請之開發案件，其申請開發範圍毗鄰，且經目的事業主管機關審認屬同一興辦事業計畫，應累計其面積，累計開發面積達第一項規模者，應一併辦理土地使用分區變更。

題庫練習：

（C）1. 非都市土地申請開發遊憩設施，當土地面積達幾公頃以上，即應辦理土地使用分區變更為特定專用區？　　　　　　　　　　　　【適中】

(A)2　(B)3　(C)5　(D)10

（C）2. 非都市土地面積 15 公頃申請設立學校時，應辦理土地使用分區變更為何種分區？　　　　　　　　　　　　　　　　　　　　　　　【適中】

(A) 鄉村區　(B) 文教區　(C) 特定專用區　(D) 風景區

（C）3. 申請非都市土地開發，應辦理土地使用分區變更，下列何者錯誤？

【適中】

(A) 申請開發社區之計畫其土地面積達 1 公頃以上，應變更為鄉村區

(B) 申請開發為工業使用之土地面積達 10 公頃以上，應變更為工業區

(C) 依產業創新條例申請開發為工業使用之土地面積達 2 公頃以上，應變更為工業區

(D) 申請設立學校之土地面積達 10 公頃以上，應變更為特定專用區

（D）4. 非都市土地因公營機構擬進行開發，需辦理土地使用分區變更時，下列敘述何者正確？　　　　　　　　　　　　　　　　　　　　　【適中】

(A) 因為同屬政府機關，可採逕為變更之行政程序，直接變更土地使用分區，不需取得開發許可

(B) 若屬山坡地範圍土地，且依水土保持法相關規定應擬具水土保持計畫者，需先取得整地排水計畫完工證明書，才能完成變更程序

(C) 若屬於非山坡地範圍之海埔地開發，不需取得水土保持完工證明書，但是需申請取得整地排水計畫完工證明書，才能完成變更程序

(D) 若申請開發為公墓使用，土地面積達五公頃以上時，需辦理土地使用分區變更

三、非都市土地使用管制規則第 31-1、31-2 條

關鍵字與法條	條文內容
特定農業區以外之土地申請變更編定為丁種建築用地【非都市土地使用管制規則 #31-1】	位於依工廠管理輔導法第三十三條第三項公告未達五公頃之特定地區內已補辦臨時工廠登記之低污染事業興辦產業人，經取得中央工業主管機關核准之整體規劃興辦事業計畫文件者，得於特定農業區以外之土地申請變更編定為丁種建築用地及適當使用地。興辦產業人依前項規定擬具之興辦事業計畫，應規劃百分之二十以上之土地作為公共設施，辦理變更編定為適當使用地，並由興辦產業人管理維護；其餘土地於公共設施興建完竣經勘驗合格後，依核定之土地使用計畫變更編定為丁種建築用地。

關鍵字與法條	條文內容
	興辦產業人依前項規定，於區內規劃配置之公共設施無法與區外隔離者，得敘明理由，以區外之毗連土地，依農業發展條例相關規定，配置適當隔離綠帶，併同納入第一項之興辦事業計畫範圍，申請變更編定為國土保安用地。 第一項特定地區外已補辦臨時工廠登記或列管之低污染事業興辦產業人，經取得直轄市或縣（市）工業主管機關輔導進駐核准文件，得併同納入第一項興辦事業計畫範圍，申請使用地變更編定。 直轄市或縣（市）政府受理變更編定案件，除位屬山坡地範圍者依第四十九條之一規定辦理外，應組專案小組審查下列事項後予以准駁： 一、符合第三十條之一至第三十條之三規定。 二、依非都市土地變更編定執行要點規定所定查詢項目之查詢結果。 三、依非都市土地變更編定執行要點規定辦理審查後，各單位意見有爭議部分。 四、農業用地經農業主管機關同意變更使用。 五、水污染防治措施經環境保護主管機關許可。 六、符合環境影響評估相關法令規定。 七、不妨礙周邊自然景觀。 依第一項規定申請使用地變更編定者，就第一項特定地區外之土地，不得再依前條規定申請變更編定。
應規劃百分之三十以上之土地作為隔離綠帶或設施 【非都市土地使用管制規則 #31-2】	位於依工廠管理輔導法第三十三條第三項公告未達五公頃之特定地區內已補辦臨時工廠登記之低污染事業興辦產業人，經中央工業主管機關審認無法依前條規定辦理整體規劃，並取得直轄市或縣（市）工業主管機關核准興辦事業計畫文件者，得於特定農業區以外之土地申請變更編定為丁種建築用地及適當使用地。 **興辦產業人依前項規定申請變更編定者，應規劃百分之三十以上之土地作為隔離綠帶或設施，其中百分之十之土地作為綠地，變更編定為國土保安用地，並由興辦產業人管理維護；其餘土地依核定之土地使用計畫變更編定為丁種建築用地。** **興辦產業人無法依前項規定，於區內規劃配置隔離綠帶或設施者，得敘明理由，以區外之毗連土地，依農業發展條例相關規定，配置適當隔離綠帶，併同納入第一項興辦事業計畫範圍，申請變更編定為國土保安用地。** 第一項特定地區外經已補辦臨時工廠登記之低污染事業興辦產業人，經取得直轄市或縣（市）工業主管機關輔導進駐核准文件及直轄市或縣（市）工業主管機關核准之興辦事業計畫文件者，得申請使用地變更編定。 直轄市或縣（市）政府受理變更編定案件，準用前條第五項規定辦理審查。 依第一項規定申請使用地變更編定者，就第一項特定地區外之土地，不得再依第三十一條規定申請變更編定。

題庫練習：

（D）1. 依非都市土地使用管制規則配合工廠管理輔導法規定，針對工業主管機關輔導合法經營之未登記工廠，於特定農業區以外之土地申請變更編定為丁種建築用地及適當使用地，下列敘述何者錯誤？　【困難】

(A) 須位於依工廠管理輔導法第 33 條第 3 項公告未達 5 公頃之特定地區內已補辦臨時工廠登記之低污染事業興辦產業人，經取得中央工業主管機關核准之整體規劃興辦事業計畫文件者，始得申請

(B) 興辦產業人擬具之整體規劃興辦事業計畫，如經取得中央工業主管機關核准，其應規劃 20% 以上之土地作為公共設施，並由興辦產業人管理維護

(C) 前述興辦產業人，經中央工業主管機關審認屬無法辦理整體規劃，並取得直轄市或縣（市）工業主管機關核准興辦事業計畫文件者，亦得就其個別基地申請土地變更編定，但應就其基地規劃 30% 以上之土地作為隔離綠帶或設施

(D) 前項個別基地申請土地變更編定，應規劃隔離綠帶或設施中，其 20% 之土地應變更編定為國土保安用地

（D）2. 都市計畫工業區土地，因設置污染防治設備而取得工業用地證明書者，得在其需用面積限度內依規定申請變更編定為何種用地？　【簡單】

(A) 甲種建築用地　　　　　　　　(B) 乙種建築用地
(C) 丙種建築用地　　　　　　　　(D) 丁種建築用地

（A）3. 有關「非都市土地使用管制規則」之敘述，下列何者正確？　【適中】

(A) 特定農業區供觀光旅館使用，經交通部目的事業主管機關審查符合行政院核定觀光旅館業總量管制內，且臨接道路符合建築法相關規定，得申請變更編定為遊憩用地

(B) 已變更編定為國土保安用地，由申請開發人或土地所有權人管理維護，未來得合併其他開發案件列為基地之範圍

(C) 開發許可核發後之變更開發計畫，在不增加基地面積、不增加使用強度、不變更土地使用性質及不變更原開發許可之主要設施，在調整全區配置及道路面積下，可不必再行送相關機關辦理變更審議

(D) 特定農業區內土地雖供道路使用者，亦不得申請編定為交通用地

四、非都市土地使用管制規則第 41、36、33、34 條

關鍵字與法條	條文內容
使用地申請變更特定目的事業用地【非都市土地使用管制規則 #41】	農業主管機關專案輔導之農業計畫所需使用地，得申請變更編定為**特定目的事業用地**。
使用地申請變更交通用地【非都市土地使用管制規則 #36】	特定農業區內土地供道路使用者，得申請變更編定為**交通用地**。
使用地申請變更丁種建築用地【非都市土地使用管制規則 #33】	工業區以外為原編定公告之丁種建築用地所包圍或夾雜土地，**其面積未達二公頃**，經工業主管機關審查認定適宜作低污染、附加產值高之投資事業者，得申請變更編定為**丁種建築用地**。 工業主管機關應依第五十四條檢查是否依原核定計畫使用；如有違反使用，經工業主管機關廢止其事業計畫之核定者，直轄市或縣（市）政府應函請土地登記機關恢復原編定，並通知土地所有權人。
使用地申請變更丁種建築用地【非都市土地使用管制規則 #34】	一般農業區、山坡地保育區及特定專用區內取土部分以外之窯業用地，經領有工廠登記證者，經工業主管機關審查認定得供工業使用者，得申請變更編定為丁種建築用地。

題庫練習：

（D）1. 依非都市土地使用管制規則規定，使用地申請變更編定，下列何者錯誤？　　　　　　　　　　　　　　　　　　　　　　【適中】
　　(A) 農業主管機關專案輔導之農業計畫所需使用地，得申請變更為特定目的事業用地
　　(B) 特定農業區內土地供道路使用者，得申請變更編定為交通用地
　　(C) 工業區以外位於依法核准設廠用地範圍內，為丁種建築用地所包圍或夾雜土地，經工業主管機關審查認定得合併供工業使用者，得申請變更編定為丁種建築用地
　　(D) 山坡地保育區領有工廠登記證者，經工業主管機關審查認定得供工業使用者，得申請變更編定為丙種建築用地
（B）2. 工業區以外之丁種建築用地所包圍或夾雜土地，經主管機關認定適宜做低污染、附加產值高之投資事業者，得申請變更編定為丁種建築用

　　　　　　地，惟其面積最高不得大於多少公頃？　　　　　　　　　【困難】

　　　　　　(A) 1　(B) 2　(C) 3　(D) 5

（A）3.　有關「非都市土地使用管制規則」之敘述，下列何者正確？【適中】

　　　　　　(A) 特定農業區供觀光旅館使用，經交通部目地事業主管機關審查符合
　　　　　　　　行政院核定觀光旅館業總量管制內，且臨接道路符合建築法相關規
　　　　　　　　定，得申請變更編定為遊憩用地

　　　　　　(B) 已變更編定為國土保安用地，由申請開發人或土地所有權人管理維
　　　　　　　　護，未來得合併其他開發案件列為基地之範圍

　　　　　　(C) 開發許可核發後之變更開發計畫，在不增加基地面積、不增加使用
　　　　　　　　強度、不變更土地使用性質及不變更原開發許可之主要設施，在調
　　　　　　　　整全區配置及道路面積下，可不必再行送相關機關辦理變更審議

　　　　　　(D) 特定農業區內土地雖供道路使用者，亦不得申請編定為交通用地

五、非都市土地使用管制規則第 44 條

關鍵字與法條	條文內容
保育綠地範圍依規定最低不得少於多少％？ 【非都市土地使用管制規則 #44】	依本規則申請變更編定為**遊憩用地**者，依下列規定辦理： 一、申請人應依其事業計畫設置必要之保育綠地及公共設施；其設置之**保育綠地不得少於變更編定面積百分之三十**。但風景區內土地，於本規則中華民國九十三年六月十七日修正生效前，已依中央目的事業主管機關報奉行政院核定方案申請辦理輔導合法化，其保育綠地設置另有規定者，不在此限。 二、**申請變更編定之使用地，前款保育綠地變更編定為國土保安用地**，由申請開發人或土地所有權人管理維護，不得再申請開發或列為其他開發案之基地；其餘土地於公共設施興建完竣經勘驗合格後，依核定之土地使用計畫，變更編定為適當使用地。

題庫練習：

（C）1.　非都市土地依法申請變更編定為遊憩用地者，其設置之保育綠地範圍
　　　　　依規定最低不得少於多少％？　　　　　　　　　　　　【適中】

　　　　　　(A) 10　(B) 20　(C) 30　(D) 40

（A）2.　有關「非都市土地使用管制規則」之敘述，下列何者正確？　【適中】

　　　　　　(A) 特定農業區供觀光旅館使用，經交通部目地事業主管機關審查符合
　　　　　　　　行政院核定觀光旅館業總量管制內，且臨接道路符合建築法相關規

定，得申請變更編定為遊憩用地

(B) 已變更編定為國土保安用地，由申請開發人或土地所有權人管理維護，未來得合併其他開發案件列為基地之範圍

(C) 開發許可核發後之變更開發計畫，在不增加基地面積、不增加使用強度、不變更土地使用性質及不變更原開發許可之主要設施，在調整全區配置及道路面積下，可不必再行送相關機關辦理變更審議

(D) 特定農業區內土地雖供道路使用者，亦不得申請編定為交通用地

（D）3. 依非都市土地使用管制規則申請變更編定為遊憩用地者，按規定設置之保育綠地需編定為下列何種用地？　　　　　　　　　【適中】

(A) 丙種建築　　(B) 生態保護　　(C) 特定目的事業　　(D) 國土保安

六、非都市土地使用管制規則第 6-2 條

關鍵字與法條	條文內容
1. 非都市土地容許使用 2. 非都市土地海域區海域用地設置風力發電設施 【非都市土地使用管制規則 #6-2】	依第六條第三項附表一之一規定於海域用地申請區位許可者，應檢附申請書如附表一之二，向中央主管機關申請核准。 依前項於海域用地申請區位許可，經審查符合下列各款條件者，始得核准： 一、對於海洋之自然條件狀況、自然資源分布、社會發展需求及國家安全考量等，係屬適當而合理。 二、申請區位若位屬附表一之二環境敏感地區者，應經各項環境敏感地區之中央法令規定之目的事業主管機關同意。 三、興辦事業計畫經目的事業主管機關核准或原則同意。 四、申請區位屬下列情形之一者： （一）非屬已核准區位許可範圍。 （二）屬已核准區位許可範圍，並經該目的事業主管機關同意。 （三）屬已核准區位許可範圍，且該區位逾三年未使用。 第一項申請案件，**中央主管機關應會商有關機關審查。但涉重大政策或認定疑義者，應依下列原則處理：** 一、於不影響海域永續利用之前提下，尊重現行之使用。 二、申請區位、資源和環境等為自然屬性者優先。 三、多功能使用之海域，以公共福祉最大化之使用優先，相容性較高之使用次之。 本規則中華民國一百零五年一月二日修正生效前，依其他法令已同意使用之用海範圍，且屬第一項需申請區位許可者，各目的事業主管機關應於本規則中華民國一百零五年一月二日修正生效後六個月內，將同意使用之用海範圍及相關資料報送中央主管機關；其使用之用海範圍，視同取得區位許可。 於海域用地申請區位許可審議之流程如附表一之三。

題庫練習：

（B）1. 關於非都市土地容許使用，下列何者正確？　　　　　　【適中】
　　　（A）土地使用編定後，其原有使用或原有建築物不合土地使用分區規定者，該管直轄市、縣（市）政府應限期令其變更或停止使用、遷移、拆除或改建，不得為從來之使用
　　　（B）於海域用地申請區位許可者，應檢附申請書向中央主管機關申請核准
　　　（C）森林區、山坡地保育區及特定專用區之土地，在未編定使用地之類別前，適用林業用地之管制
　　　（D）依各使用地容許使用項目、許可使用細目附表，採探礦僅可於林業用地申請許可使用

（C）2. 依非都市土地使用管制規則規定，於非都市土地海域區海域用地設置風力發電設施，下列敘述何者正確？　　　　　　【困難】
　　　（A）從事風力發電設施，為點狀公共設施或公用事業，係屬免申請許可之項目
　　　（B）欲從事風力發電設施之設置者，應檢附申請書，向直轄市、縣（市）主管機關申請，經核准發給區位許可證明文件後，始得設置
　　　（C）欲從事風力發電設施之設置者，應檢附申請書，向中央主管機關申請核准，經核准區位許可者，應按個案情形核定許可期間，並核發區位許可證明文件
　　　（D）欲從事風力發電設施之設置者，應檢附申請書，向直轄市、縣（市）目的事業主管機關申請，並核轉中央主管機關核准，並經核發區位許可證明文件後，始得設置

七、非都市土地使用管制規則第 26 條

關鍵字與法條	條文內容
土地使用分區及使用地變更編定異動登記 【非都市土地使用管制規則 #26】	申請人於非都市土地開發依相關法規規定應**繳交開發影響費**、捐贈土地、繳交回饋金或提撥一定年限之維護管理保證金時，應先**完成捐贈之土地及公共設施用地之分割、移轉登記**，並繳交開發影響費、回饋金或提撥一定年限之維護管理保證金後，由直轄市或縣（市）政府函請土地登記機關辦理**土地使用分區及使用地變更編定異動登記**，並將核定事業計畫使用項目等資料，依相關規定程序登錄於土地參考資訊檔。

題庫練習：

（D）1.	向政府申請辦理土地使用分區及使用地變更編定異動登記時，申請人應先完成的義務事項不包括哪一項？　　　　　　　　　　【適中】 (A) 完成捐贈土地之分割、移轉登記 (B) 繳交開發影響費、土地代金或回饋金 (C) 完成公共設施用地之分割、移轉登記 (D) 土地登記簿標示部加註核定事業計畫使用項目
（C）2.	非都市土地申請土地開發，辦理使用分區變更，依規定何時須繳交「開發影響費」？　　　　　　　　　　　　　　　　　　【適中】 (A) 申請雜項執照或建造執照前 (B) 申請非都市土地開發審議前 (C) 申請辦理使用分區變更或用地變更編定異動登記前 (D) 由非都市土地開發審議委員會視個案實際狀況議定繳交時機

八、非都市土地使用管制規則第 28 條

關鍵字與法條	條文內容
應檢附文件？ 【非都市土地使用管制規則 #28】	申請使用地變更編定，應檢附下列文件，向土地所在地直轄市或縣（市）政府申請核准，並依規定繳納規費： 一、**非都市土地變更編定申請書**如附表四。 二、**興辦事業計畫核准文件。** 三、**申請變更編定同意書。** 四、**土地使用計畫配置圖及位置圖。** 五、其他有關文件。 **下列申請案件免附前項第二款及第四款規定文件：** 一、符合第三十五條、第三十五條之一第一項第一款、第二款、第四款或第五款規定之零星或狹小土地。 二、依第四十條規定已檢附需地機關核發之拆除通知書。 三、鄉村區土地變更編定為乙種建築用地。 四、**變更編定為農牧、林業、國土保安或生態保護用地。** 申請案件符合第三十五條之一第一項第三款者，免附第一項第二款規定文件。 申請人為土地所有權人者，免附第一項第三款規定之文件。 興辦事業計畫有第三十條第二項及第三項規定情形者，應檢附區域計畫擬定機關核發許可文件。其屬山坡地範圍內土地申請興辦事業計畫面積未達十公頃者，應檢附興辦事業計畫面積免受限制文件。

題庫練習：

> （B）1.　非都市土地申請使用地變更編定，下列何者非屬應檢附文件？【適中】
>
> 　　　　（A）非都市土地變更編定申請書　　　（B）興辦事業計畫申請文件
>
> 　　　　（C）申請變更編定同意書　　　　　　（D）土地使用計畫配置圖及位置圖
>
> （C）2.　某公司擬將租得之山坡地範圍內五公頃之土地，申請使用地變更編定
> 　　　　為農牧、林業、國土保安或生態保護用地以外之使用時，下列何者屬
> 　　　　應檢附的文件？①擬具興辦事業之計畫書②土地使用計畫配置圖及位
> 　　　　置圖③申請變更編定同意書④非都市土地變更編定申請書⑤水土保持
> 　　　　計畫書　　　　　　　　　　　　　　　　　　　　　　　　【困難】
>
> 　　　　（A）①③④　（B）②④⑤　（C）②③④　（D）①④⑤

九、非都市土地使用管制規則第 3 條

關鍵字與法條	條文內容
非都市土地依其使用分區之性質編定【非都市土地使用管制規則 #3】	非都市土地依其使用分區之性質，編定為甲種建築、乙種建築、丙種建築、丁種建築、農牧、林業、養殖、鹽業、礦業、窯業、交通、水利、遊憩、古蹟保存、生態保護、國土保安、殯葬、海域、特定目的事業等使用地。

補充說明：

【分區】工業、特定農業、一般農業、鄉村 **/ 風景 /** 森林、山坡地保育、

　　　　國家公園 / 河川、海域 / 特定專用

【用地】甲、乙、丙、丁 **/ 農、林、養殖、鹽、礦、窯 /** 交通、遊憩 / 古

　　　　蹟保存、生態保護、國土保安 **/ 殯葬 /** 水利、海域 / 特定

題庫練習：

> （D）　非都市土地依其使用分區之性質編定，下列何者錯誤？　　　【適中】
>
> 　　　　（A）甲、乙、丙、丁種建築用地
>
> 　　　　（B）農牧、林業、養殖、工業用地
>
> 　　　　（C）礦業、窯業、交通、水利用地
>
> 　　　　（D）遊憩、古蹟保存、生態保護、國土保安、殯葬用地

十、非都市土地使用管制規則第 28 條

關鍵字與法條	條文內容
申請使用地變更編定時應檢附之文件【非都市土地使用管制規則 #28】	鄉村區土地變更為編定為乙種建築用地。**免附興辦事業計畫核准文件**及**土地使用計畫配置圖**及位置圖。

題庫練習：

(D)	鄉村區土地變更編定為乙種建築用地，申請使用地變更編定時應檢附之文件不包括下列哪一項？①興辦事業計畫核准文件②土地使用計畫配置圖及位置圖③申請變更編定同意書④非都市土地變更編定申請書【困難】 (A) ①④　(B) ③④　(C) ②③　(D) ①②

十一、非都市土地使用管制規則第 6 條

關鍵字與法條	條文內容
海域用地容許使用項目及區位許可使用細目【非都市土地使用管制規則 #6】	非都市土地經劃定使用分區並編定使用地類別，應依其容許使用之項目及許可使用細目使用。但中央目的事業主管機關認定為重大建設計畫所需之臨時性設施，經徵得使用地之中央主管機關及有關機關同意後，得核准為臨時使用。中央目的事業主管機關於核准時，應函請直轄市或縣（市）政府將臨時使用用途及期限等資料，依相關規定程序登錄於土地參考資訊檔。中央目的事業主管機關及直轄市、縣（市）政府應負責監督確實依核定計畫使用及依限拆除恢復原狀。 前項容許使用及臨時性設施，其他法律或依本法公告實施之區域計畫有禁止或限制使用之規定者，依其規定。 海域用地以外之各種使用地容許使用項目、許可使用細目及其附帶條件如附表一；海域用地容許使用項目及區位許可使用細目如附表一之一。 非都市土地容許使用執行要點，由內政部定之。 目的事業主管機關為辦理容許使用案件，得視實際需要，訂定審查作業要點。

題庫練習：

（C）	據媒體報導，目前國內非法露營區到處林立，影響水土保持、生態環境及公共安全，依非都市土地使用管制規則規定，下列敘述何者正確？ 【簡單】

      (A) 非都市土地之甲種建築用地及遊憩用地得容許作露營野餐設施，故可設置露營區

      (B) 非都市土地之甲種建築用地、林業用地得容許作露營野餐設施，故可設置露營區

      (C) 非都市土地之丙種建築用地、戶外遊憩設施用地得容許作露營野餐設施，故可設置露營區

      (D) 非都市土地之丙種建築用地、林業用地得容許作露營野餐設施，故可設置露營區

十二、非都市土地使用管制規則第 8 條

關鍵字與法條	條文內容
原土地及建築物使用 【非都市土地使用管制規則 #8】	土地使用編定後，其原有使用或原有建築物不合土地使用分區規定者，**在政府令其變更使用或拆除建築物前**，得為從來之使用 **(A)**。原有建築除准修繕外，不得增建或改建。 前項土地或建築物，**對公眾安全、衛生及福利有重大妨礙者 (B)**，該管**直轄市或縣（市）政府應限期令其變更或停止使用、遷移、拆除或改建 (D)**，所受損害應予適當補償。

題庫練習：

（C）	非都市土地工廠及工業設施在編定為國土保安用地後，有關原土地及建築物使用之敘述，下列何者錯誤？ 【適中】

      (A) 可繼續使用至政府令其變更使用或拆除建築物

      (B) 對公眾安全有重大妨礙者，可限期令其改建

      (C) 建築物依原使用繼續使用時可以修繕及改建，但不得增建

      (D) 直轄市或縣（市）政府可限期令其停止使用、遷移或拆除

十三、非都市土地使用管制規則第 20 條

關鍵字與法條	條文內容
開發許可申請 【非都市土地使用 管制規則 #20】	區域計畫擬定機關核發開發許可、廢止開發許可或開發同意後，直轄市或縣（市）政府應將**許可或廢止內容於各該直轄市、縣（市）政府或鄉（鎮、市、區）公所公告三十日**。

題庫練習：

（D）	非都市土地開發辦理土地使用分區變更，有關開發許可申請之敘述，下列何者錯誤？　　　　　　　　　　　　　　　　　　　　　【困難】 (A) 由區域計畫委員會審議 (B) 向直轄市或縣（市）政府申請 (C) 由區域計畫擬定機關核發 (D) 核發後，區域計畫擬定機關應公告 30 日

十四、非都市土地使用管制規則第 9-1 條

關鍵字與法條	條文內容
增加容積率 【非都市土地使用 管制規則 #9-1】	依原獎勵投資條例、原促進產業升級條例或產業創新條例編定開發之工業區，或其他政府機關依該園區設置管理條例設置開發之園區，於符合核定開發計畫，並供生產事業、工業及必要設施使用者，其擴大投資或產業升級轉型之興辦事業計畫，經工業主管機關或各園區主管機關同意，平均每公頃新增投資金額（不含土地價款）超過新臺幣四億五千萬元者，平均每公頃再增加投資新臺幣一千萬元，得增加法定容積百分之一，**上限為法定容積百分之十五**。 前項**擴大投資或產業升級轉型之興辦事業計畫，為提升能源使用效率及設置再生能源發電設備**，於取得前項增加容積後，並符合下列各款規定之一者，得依下列項目增加法定容積： 一、設置能源管理系統：百分之二。 二、設置太陽光電發電設備於廠房屋頂，且水平投影面積占屋頂可設置區域範圍百分之五十以上：百分之三。 第一項擴大投資或產業升級轉型之興辦事業計畫，**依前二項規定申請後，仍有增加容積需求者，得依工業或各園區主管機關法令規定，以捐贈產業空間或繳納回饋金方式申請增加容積**。

關鍵字與法條	條文內容
	第一項規定之工業區或園區，區內可建築基地經編定為丁種建築用地者，其容積率不受第九條第一項第四款規定之限制。但**合併計算前三項增加之容積，其容積率不得超過百分之四百**。 第一項至第三項增加容積之審核，在中央由經濟部、科技部或行政院農業委員會為之；在直轄市或縣（市）由直轄市或縣（市）政府為之。 前五項規定應依第二十二條規定辦理後，始得為之。

題庫練習：

（A）	為配合「工業區更新立體化發展方案」，非都市土地工業區丁種建築用地得有條件增加容積率，下列何者錯誤？　　　　　　　　【適中】 (A) 為擴大投資或產業升級轉型得增加法定容積，其上限為法定容積之20% (B) 除擴大投資或產業升級轉型可增加容積之外，為提升能源使用效率及設置再生能源發電設備，得再增加法定容積 (C) 依前二項規定申請後仍有容積需求者，得以捐贈產業空間或繳納回饋金方式申請增加容積 (D) 合併計算前三項增加之容積，其總容積率不得超過 400%

十五、非都市土地使用管制規則第 21 條

關鍵字與法條	條文內容
區域計畫擬定機關廢止原開發許可之情形 【非都市土地使用管制規則 #21】	申請人有下列情形之一者，直轄市或縣（市）政府應報經區域計畫擬定機關廢止原開發許可或開發同意： 一、違反核定之土地使用計畫、目的事業或環境影響評估等相關法規，經該管主管機關提出要求處分並經限期改善而未改善。 二、興辦事業計畫經目的事業主管機關廢止或依法失其效力、整地排水計畫之核准經直轄市或縣（市）政府廢止或水土保持計畫之核准經水土保持主管機關廢止或依法失其效力。 三、申請人自行申請廢止。 屬區域計畫擬定機關委辦直轄市或縣（市）政府審議許可案件，由直轄市或縣（市）政府廢止原開發許可，並副知區域計畫擬定機關。 屬中華民國九十二年三月二十八日本規則修正生效前免經區域計畫擬定機關審議，並達第十一條規定規模之山坡地開發許可案件，中央主管機關得委辦直轄市、縣（市）政府依前項規定辦理。

題庫練習：

（D）1. 依非都市土地使用管制規則規定，區域計畫擬定機關核發開發許可後，下列何者非屬直轄市或縣（市）政府應報經區域計畫擬定機關廢止原開發許可之情形？　【困難】
(A) 違反核定之土地使用計畫、目的事業或環境影響評估等相關法規，經該管主管機關提出要求處分並經限期改善而未改善
(B) 興辦事業計畫經目的事業主管機關廢止或依法失其效力、整地排水計畫之核准經直轄市或縣（市）政府廢止或水土保持計畫之核准經水土保持主管機關廢止或依法失其效力
(C) 申請人自行申請廢止
(D) 法院判決原核發開發許可應予廢棄

（C）2. 依非都市土地使用管制規則規定，已依開發許可變更為丙種建築用地之土地，下列對於其使用管制及建築開發的敘述，何者正確？【困難】
(A) 可以直接作為市場用地使用
(B) 可以直接變更原開發計畫核准之主要公共設施、公用設備或必要性服務設施
(C) 違反原核定之土地使用計畫，經該管主管機關提出要求處分並經限期改善而未改善時，直轄市或縣（市）政府應報經區域計畫擬定機關廢止原開發許可
(D) 由當地鄉（鎮、市、區）公所負責管制其使用並應隨時檢查是否有違反土地使用管制之規定

十六、非都市土地使用管制規則第 22 條

關鍵字與法條	條文內容
申請人有變更下列情形者，應依規定申請**變更開發計畫**【非都市土地使用管制規則 #22】	區域計畫擬定機關核發開發許可或開發同意後，申請人有下列各款情形之一，經目的事業主管機關認定未變更原核准興辦事業計畫之性質者，應依第十三條至第二十條規定之程序申請變更開發計畫： 一、增、減原經核准之開發計畫土地涵蓋範圍。 二、增加全區土地使用強度或建築高度。 三、**變更原開發計畫核准之主要公共設施、公用設備或必要性服務設施。** 四、原核准開發計畫土地使用配置變更之面積已達原核准開發面積二分之一或大於二公頃。

關鍵字與法條	條文內容
	五、增加使用項目與原核准開發計畫之主要使用項目顯有差異，影響開發範圍內其他使用之相容性或品質。 六、變更原開發許可或開發同意函之附款。 七、變更開發計畫內容，依相關審議作業規範規定，屬情況特殊或規定之例外情形應由區域計畫委員會審議。 前項以外之變更事項，申請人應製作變更內容對照表送請直轄市或縣（市）政府，經目的事業主管機關認定未變更原核准興辦事業計畫之性質，由直轄市或縣（市）政府予以備查後通知申請人，並副知目的事業主管機關及區域計畫擬定機關。但經直轄市、縣（市）政府認定有前項各款情形之一或經目的事業主管機關認定變更原核准興辦事業計畫之性質者，直轄市或縣（市）政府應通知申請人依前項或第二十二條之二規定辦理。 因政府依法徵收、撥用或協議價購土地，致減少原經核准之開發計畫土地涵蓋範圍，而有第一項第三款所列情形，於不影響基地開發之保育、保安、防災並經專業技師簽證及不妨礙原核准開發許可或開發同意之主要公共設施、公用設備或必要性服務設施之正常功能，得準用前項規定辦理。 **依原獎勵投資條例編定之工業區，申請人變更原核准計畫，未涉及原工業區興辦目的性質之變更者，由工業主管機關辦理審查，免徵得區域計畫擬定機關同意。** 依第一項及第三項規定應申請變更開發計畫或製作變更內容對照表備查之認定原則如附表二之二。

題庫練習：

（D）	區域計畫擬定機關核發開發許可後，申請人有變更下列情形者，應依規定申請變更開發計畫，下列何者錯誤？　　　【非常困難】 (A) 減少原經核准之開發計畫土地涵蓋範圍 (B) 依原獎勵投資條例編定之工業區，未涉及原工業區興辦目的性質之變更，由工業主管機關辦理審查，免徵得區域計畫擬定機關同意 (C) 變更原開發計畫核准之主要公共設施、公用設備或必要性服務設施 (D) 原核准開發計畫土地使用配置變更之面積已達原核准開發面積之 1/3 或大於 1 公頃以上

十七、非都市土地使用管制規則第 30-2 條

關鍵字與法條	條文內容
第一級環境敏感地區之零星土地得納入申請範圍 【非都市土地使用管制規則 #30-2】	第三十條擬具之興辦事業計畫範圍內有夾雜第一級環境敏感地區之零星土地者，應符合下列各款情形，始得納入申請範圍： 一、基於整體開發規劃之需要。 二、夾雜地仍維持原使用分區及原使用地類別，或同意變更編定為國土保安用地。 三、面積未超過基地開發面積之百分之十。 四、擬定夾雜地之管理維護措施。

題庫練習：

> （C）　依非都市土地使用管制規則規定，申請人擬具之興辦事業計畫範圍內有夾雜區域計畫規定之第一級環境敏感地區之零星土地，應符合下列何種情形，始得納入申請範圍？　　　　　　　　　　　　【適中】
> (A) 面積未超過基地開發面積之 20%
> (B) 夾雜地之使用分區仍應維持原使用分區或變更為森林區；夾雜地之使用地仍應維持原使用地類別，或同意變更編定為國土保安用地、生態保護用地、林業用地或水利用地
> (C) 基於整體開發規劃之需要
> (D) 擬定夾雜地之管理維護措施或供配置相關公共設施、防風林、緩衝帶、滯洪設施、停車場

十八、非都市土地使用管制規則第 23-2 條

關鍵字與法條	條文內容
非都市土地申請開發許可之規定 【非都市土地使用管制規則 #23-2】	申請人應於核定整地排水計畫之日起一年內，申領整地排水施工許可證。 整地排水計畫需分期施工者，應於計畫中敘明各期施工之內容，並按期申領整地排水施工許可證。 整地排水施工許可證核發時，應同時核定施工期限或各期施工期限。 **整地排水施工，因故未能於核定期限內完工時**，應於期限屆滿前敘明事實及理由向直轄市、縣（市）政府申請展期。**展期期間每次不得超過六個月，並以二次為限。**但因天災或其他不應歸責於申請人之事由，致無法施工者，得扣除實際無法施工期程天數。

關鍵字與法條	條文內容
	未依第一項規定之期限申領整地排水施工許可證或未於第三項所定施工期限或前項展延期限內完工者，直轄市或縣（市）政府應廢止原核定整地排水計畫，如已核發整地排水施工許可證，應同時廢止。

題庫練習：

（C）	非都市土地申請開發許可之規定，下列敘述何者正確？　　　　【困難】
	(A) 申請人於獲准開發許可後，應於收受通知之日起六個月內擬具水土保持計畫送核准
	(B) 申請人應於核定整地排水計畫之日起六個月內，申領整地排水計畫施工許可證
	(C) 整地排水施工，因故未能如期完工，可申請展延，展延以兩次為限，每次不得超過六個月
	(D) 前項若未於施工或展延期限完工者，政府應廢止原核定施工許可證，但可保留整地排水計畫一年

十九、非都市土地使用管制規則

關鍵字與法條	條文內容
環境敏感地區	環境敏感區 第一級：古蹟、保育、環境保育 第二級：開發兼顧保育（地層下陷、國家級濕地） 【比較】 第一級：文化、環境等不得開發（**古蹟**） 第二級：有條件開發（**歷史建築**）

補充說明：

(一)**第 1 級環境敏感地區**：以加強資源保育與環境保護及不破壞原生態環境與景觀資源為保育及發展原則。

　1. 保障人民生命財產安全，避免天災危害。

2. 保護各種珍貴稀有之自然資源。

3. 保存深具文化歷史價值之法定古蹟。

4. 維護重要生產資源。

(二)**第 2 級環境敏感地區**：考量某些環境敏感地區對於開發行為的容受力有限，為兼顧保育與開發，加強管制條件，規範該類土地開發。

題庫練習：

（A）	依全國區域計畫，下列何者非屬第 2 級環境敏感地區？　　【適中】 (A) 古蹟保存區 (B) 嚴重地層下陷地區 (C) 國家級之重要濕地 (D) 大眾捷運系統兩側禁建限建地區

二十、非都市土地使用管制規則第 42 條

關鍵字與法條	條文內容
農業區供住宅使用者，可變更編定為下列何種用地？ 【非都市土地使用管制規則 #42】	政府興建住宅計畫或徵收土地拆遷戶住宅安置計畫經各該目的事業上級主管機關核定者，得依其核定計畫內容之土地使用性質，申請變更編定為適當使用地；其於**農業區供住宅使用者，變更編定為甲種建築用地**。 前項核定計畫附有條件者，應於條件成就後始得辦理變更編定。

題庫練習：

（A）	依照非都市土地使用管制規則，政府徵收土地拆遷戶住宅安置計畫，得依其核定計畫內容之土地使用性質，申請變更編定為適當使用地，其於農業區供住宅使用者，可變更編定為下列何種用地？　　【適中】 (A) 甲種建築用地　　　　　　(B) 乙種建築用地 (C) 丙種建築用地　　　　　　(D) 丁種建築用地

二十一、非都市土地使用管制規則第 46 條

關鍵字與法條	條文內容
原住民保留地地區計畫興建住宅，欲申請變更編定為適當使用地 【非都市土地使用管制規則 #46】	原住民保留地地區住宅興建計畫，由鄉（鎮、市、區）公所整體規劃，經直轄市或縣（市）政府依第三十條核准者，得依其核定計畫內容之土地使用性質，申請變更編定為適當使用地。**於山坡地範圍外之農業區者，變更編定為甲種建築用地；於森林區、山坡地保育區、風景區及山坡地範圍內之農業區者，變更編定為丙種建築用地。**

題庫練習：

（A）　原住民保留地地區計畫興建住宅，欲申請變更編定為適當使用地，下列敘述何者正確？　　　　　　　　　　　　　　【適中】

　　　(A) 其於山坡地範圍外之農業區者，得變更編定為甲種建築用地

　　　(B) 其於森林區範圍內之農業區者，得變更編定為乙種建築用地

　　　(C) 其於山坡地保育區範圍外之農業區者，得變更編定為丙種建築用地

　　　(D) 其於風景區範圍內之農業區者，得變更編定為丁種建築用地

第四章　山坡地開發與建築管理

一、山坡地保育利用條例第 3、9、16、25、35 條與山坡地土地可利用限度分類標準第 3、4 條

關鍵字與法條	條文內容
山坡地 【山坡地保育利用條例 #3】	本條例所稱山坡地，**係指國有林事業區、試驗用林地及保安林地以外**，經中央或直轄市主管機關參照自然形勢、行政區域或保育、利用之需要，就合於左列情形之一者劃定範圍，報請行政院核定**公告之公、私有土地：** 一、**標高在一百公尺以上者。** 二、標高未滿一百公尺，而其平均坡度在百分之五以上者。
山坡地為下列經營或使用 【山坡地保育利用條例 #9】	在山坡地為下列經營或使用，其土地之經營人、使用人或所有人，於其經營或使用範圍內，應實施水土保持之處理與維護： 一、**宜農、牧地之經營或使用。** 二、**宜林地**之經營、使用或採伐。 三、水庫或道路之修建或養護。 四、探礦、採礦、採取土石、堆積土石或設置有關附屬設施。 五、建築用地之開發。 六、公園、**森林遊樂區、遊憩用地**、運動場地或軍事訓練場之開發或經營。 七、墳墓用地之開發或經營。 八、廢棄物之處理。 九、其他山坡地之開發或利用。
查定主管機關 【山坡地保育利用條例 #16】	山坡地供農業使用者，應實施土地可利用限度分類，並由**中央或直轄市主管機關完成宜農、牧地、宜林地、加強保育地查定**。土地經營人或使用人，不得超限利用。 前項查定結果，應由直轄市、縣（市）主管機關於所在地鄉（鎮、市、區）公所公告之；公告期間不得少於三十日。 第一項土地可利用限度分類標準，由中央主管機關定之。 經中央或直轄市主管機關查定之宜林地，其已墾殖者，仍應實施造林及必要之水土保持處理與維護。

關鍵字與法條	條文內容
山坡地超限利用者 【山坡地保育利用條例 #25】	山坡地超限利用者，由直轄市或縣（市）主管機關通知土地經營人、使用人或所有人限期改正；屆期不改正者，依第三十五條之規定處罰，並得依下列規定處理： 一、放租、放領或登記耕作權之山坡地屬於公有者，終止或撤銷其承租、承領或耕作權，收回土地，另行處理；其為放領地者，已繳之地價，不予發還。 二、借用或撥用之山坡地屬於公有者，由原所有或管理機關收回。 三、山坡地為私有者，停止其使用。 **前項各款土地之地上物，由經營人、使用人或所有人依限收割或處理；屆期不為者，主管機關得逕行清除，不予補償。**
處新臺幣六萬元以上三十萬元以下罰鍰 【山坡地保育利用條例 #35】	**有下列情形之一者，處新臺幣六萬元以上三十萬元以下罰鍰：** 一、依法應擬具水土保持計畫而未擬具，或水土保持計畫未經核定而擅自實施，或未依核定之水土保持計畫實施者。 二、違反第二十五條第一項規定，未在期限內改正者。 前項各款情形之一，經限期改正而不改正，或未依改正事項改正者，得按次分別處罰，至改正為止；並得令其停工，沒入其設施及所使用之機具，強制拆除並清除其工作物；所需費用，由經營人、使用人或所有人負擔。 第一項各款情形之一，致生水土流失、毀損水土保持處理與維護設施或釀成災害者，處六月以上五年以下有期徒刑，得併科新臺幣六十萬元以下罰金；因而致人於死者，處三年以上十年以下有期徒刑，得併科新臺幣八十萬元以下罰金；致重傷者，處一年以上七年以下有期徒刑，得併科新臺幣六十萬元以下罰金。
土壤有效深度之甚深層：超過九十公分 【山坡地土地可利用限度分類標準 #3】	山坡地土地可利用限度之分類分級查定基準規定如下： 一、坡度：指一筆土地之平均傾斜比，以百分比表示之，其分級如下： （一）一級坡：坡度百分之五以下。 （二）二級坡：坡度超過百分之五至百分之十五以下。 （三）三級坡：坡度超過百分之十五至百分之三十以下。 （四）四級坡：坡度超過百分之三十至百分之四十以下。 （五）五級坡：坡度超過百分之四十至百分之五十五以下。 （六）六級坡：坡度超過百分之五十五。 二、**土壤有效深度：指從土地表面至有礙植物根系伸展之土層深度，以公分表示之，其分級如下：** （一）**甚深層：超過九十公分。** （二）深層：超過五十公分至九十公分以下。 （三）淺層：超過二十公分至五十公分以下。 （四）甚淺層：二十公分以下。

關鍵字與法條	條文內容
	三、土壤沖蝕程度：須依土地表面所呈現之沖蝕徵狀決定之，其分級如下： （一）**輕微：沖蝕溝寬度未滿三十公分且深度未滿十五公分之土地。** （二）中等：地面有溝狀沖蝕現象，其沖蝕溝寬度三十公分至一百公分且深度十五公分至三十公分之土地。 （三）嚴重：沖蝕溝寬度逾一百公分且深度逾三十公分之土地，呈 U 型、V 型或 UV 複合型，仍得以植生方法救治。 （四）極嚴重：沖蝕溝寬度逾一百公分且深度逾三十公分之土地，甚至母岩裸露，局部有崩塌現象。 四、母岩性質：須依土壤下接母岩之性質對植物根系伸展及農機具施作難易決定之，其分類如下： （一）軟質母岩：母岩鬆軟或呈碎礫狀，部分植物根系可伸入其間，農機具可施作者。 （二）硬質母岩：母岩堅固連接，植物根系無法伸入其間，農機具無法施作者。
一級坡為宜農、牧地 **六級坡為宜林地加強保育地** **【山坡地土地可利用限度分類標準 #4】**	山坡地土地之可利用限度分類標準如下： 一、宜農、牧地：應符合下列規定之一，並依水土保持技術規範實施水土保持處理與維護： （一）一級坡至三級坡。 （二）甚深層、深層及淺層之四級坡。 （三）甚淺層之四級坡，且其土壤沖蝕輕微或中等及下接軟質母岩。 （四）甚深層、深層之五級坡。 （五）淺層之五級坡，且其土壤沖蝕輕微或中等及下接軟質母岩。 二、宜林地：應符合下列規定之一，並造林或維持自然林木或植生覆蓋，不宜農耕之土地： （一）甚淺層之四級坡，且其土壤沖蝕嚴重或下接硬質母岩。 （二）甚淺層之五級坡。 （三）淺層之五級坡，且其土壤沖蝕嚴重或下接硬質母岩。 （四）六級坡。 三、加強保育地：屬沖蝕極嚴重、崩塌、地滑、脆弱母岩裸露之土地。

題庫練習：

（D）1. 關於山坡地保育利用條例，下列何者正確？　　　　　　　　　【困難】
  (A) 山坡地供農業使用者，應由縣（市）主管機關辦理土地可利用限度分類查定作業
  (B) 在山坡地經營或使用宜農、牧地，無須實施水土保持之處理與維護
  (C) 在山坡地開發或經營森林遊樂區、遊憩用地，無須實施水土保持之處理與維護
  (D) 山坡地保育利用條例所稱山坡地，不包括試驗用林地

（C）2. 依山坡地保育利用條例規定，下列何者正確？　　　　　　　　【適中】
  (A) 山坡地保育利用條例主管機關在中央為內政部
  (B) 山坡地係指標高 100 公尺以上之所有公、私有土地
  (C) 山坡地超限利用者，由直轄市或縣市主管機關通知土地經營人、使用人或所有人限期改正，屆期不改正者，處新臺幣 6 萬元以上 30 萬元以下罰鍰
  (D) 承租之公有山坡地不得轉租，承租人轉租者，其轉租行為無效，其土地之地上物得限期由承租人收割、處理或由主管機關估價補償之

（B）3. 山坡地供農業使用者，「山坡地土地可利用限度分類標準」以坡度、土壤有效深度、土壤沖蝕程度、母岩性質等項目為基準。下列敘述何者錯誤？　　　　　　　　　　　　　　　　　　　　　　　　　　【適中】
  (A) 土地可利用限度分為宜農、牧地、宜林地、加強保育地等類別
  (B) 坡度分為六級，一級坡為加強保育地，六級坡為宜農牧地
  (C) 土壤有效深度係指從土地表面至有礙植物根系伸展之土層深度，超過 90cm 為甚深層
  (D) 土壤沖蝕程度由土地表面所呈現之沖蝕徵狀與土壤流失量決定之，表土流失量 25% 以下屬於輕微沖蝕

二、山坡地管理辦法第 9 條

關鍵字與法條	條文內容
申請建造執照【山坡地管理辦法 #9】	山坡地應於雜項工程完工查驗合格後，領得**雜項工程使用執照，始得申請建造執照**。申請建造執照，應檢附建築法第三十條規定之文件圖說及雜項工程使用執照。但依第三條第二項規定雜項執照併同於建造執照中申請者，免檢附雜項工程使用執照。建造期間之施工管理，依建築法有關規定辦理。

題庫練習：

（D）1. 依山坡地建築管理辦法規定，若非屬雜項執照併建造執造申請之山坡地，必須取得何種文件，始得申請建造執照？　　　　【困難】
(A) 環境影響評估報告書　　　　(B) 水土保持計畫書
(C) 雜項執照　　　　(D) 雜項工程使用執照

（C）2. 依山坡地建築管理辦法規定，山坡地應於雜項工程完成查驗合格後，領得雜項工程使用執照，始得申請哪種執照？　　　　【簡單】
(A) 變更執照　　(B) 拆除執照　　(C) 建造執照　　(D) 使用執照

三、山坡地保育利用條例第 2 條

關鍵字與法條	條文內容
主管機關 【山坡地保育利用條例 #2】	本條例所稱**主管機關**：在**中央為行政院農業委員會**；在直轄市為直轄市政府；在縣（市）為縣（市）政府。 有關山坡地之地政及營建業務，由內政部會同中央主管機關辦理；有關國有山坡地之委託管理及經營，由財政部會同中央主管機關辦理。

題庫練習：

（D）　山坡地保育利用條例所稱主管機關在中央為：　　　　【簡單】
(A) 行政院公共工程委員會　　　　(B) 內政部營建署
(C) 行政院環境保護署　　　　(D) 行政院農業委員會

四、山坡地建築管理辦法第 2、3 條

關鍵字與法條	條文內容
適用範圍 【山坡地建築管理辦法 #2】	本辦法以建築法第三條第一項各款所列地區之山坡地為適用範圍。 前項所稱山坡地，指依山坡地保育利用條例第三條規定劃定，報請行政院核定公告之公、私有土地。
適用地區 【山坡地建築管理辦法 #3】	本法適用地區如下： 一、**實施都市計畫地區**。二、**實施區域計畫地區**。三、**經內政部指定地區**。 前項地區外供公眾使用及公有建築物，本法亦適用之。 第一項第二款之適用範圍、申請建築之審查許可、施工管理及使用管理等事項之辦法，由中央主管建築機關定之。

題庫練習：

（B）　下列何者**不是**山坡地建築管理辦法規定之適用範圍？　　　　【困難】 　　　(A) 實施都市計畫地區 　　　(B) 經直轄市、縣（市）政府指定地區 　　　(C) 經內政部指定地區 　　　(D) 實施區域計畫地區	

第五章　公寓大廈管理條例

一、公寓大廈管理條例第 4、3 條

關鍵字與法條	條文內容
區分所有權人權利【公寓大廈管理條例 #4】	區分所有權人除法律另有限制外，對其**專有部分**，得自由使用、**收益、處分**，並排除他人干涉。 專有部分不得與其所屬建築物共用部分之應有部分及其基地所有權或地上權之應有部分分離而為移轉或設定負擔。
1. 區分所有權人權利 2. 住戶 3. 約定專用部分 4. 約定共用部分【公寓大廈管理條例 #3】	1. **專有部分**：指公寓大廈之一部分，具有使用上之獨立性且為區分所有之標的。專有部分不得與其所屬建築物共用部分之應有部分及其基地所有權或地上權之應有部分分離而移轉。區分所有權人對**專有部分**之利用，**不得有違反區分所有權人共同利益之行為**。 2. 住戶：指公寓大廈之區分所有權人、承租人或其他經區分所有權人同意而為專有部分之使用者或業經取得停車空間建築物所有權者。 3. **約定專用部分：公寓大廈共用部分經約定供特定區分所有權人使用者。** 4. 約定共用部分：指公寓大廈專有部分經約定供共同使用者。

補充說明：

空間使用權大解密　　　　　　　　　　　　　　資料來源：《蘋果》採訪整理

空間使用權分類	解釋	口訣
專有部分	公寓大廈中具獨立使用性質的全部或一部分空間，而且可以單獨登記為區分所有權之標的者。如主建物室內面積及附屬建物，如陽台等	自己的
共用部分	公寓大廈專有部分以外之其他部分及不屬專有之附屬建築物，社區住戶皆可使用。如梯廳、社區大門等	大家的
約定專用部分	公寓大廈共用部分經約定供特定區分所有權人使用，如露台供特定住戶、頂樓住戶可用頂樓平台、1 樓住戶可用 1 樓庭院等	大家的變自己的
約定共用部分	指公寓大廈專有部分經約定供共同使用者，如將自家廁所供社區住戶共同使用	自己的變大家的

題庫練習：

（D）1. 有關公寓大廈之區分所有權人對專有部分利用原則之敘述，下列何者錯誤？　　　　　　　　　　　　　　　　　　　　【簡單】

(A) 得自由使用、收益、處分

(B) 不得妨礙建築物之正常使用

(C) 不得違反區分所有權人共同利益之行為

(D) 不得排除他人干涉

（C）2. 公寓大廈專有部分以外之其他部分及不屬專有之附屬建築物，而供共同使用者，是指下列哪一部分？　　　　　　　　　【適中】

(A) 約定共用　　(B) 約定專用　　(C) 共用　　(D) 專有

（D）3. 有關公寓大廈管理條例之相關規定，下列敘述何者正確？　　【困難】

(A) 區分所有權人可將專有部分與共用部分分別售予不同買受人

(B) 約定專用部分指公寓大廈之一部分，具有使用上之獨立性

(C) 約定共用部分，指公寓大廈共用部分經約定供特定區分所有權人使用者

(D) 公寓大廈內業經取得停車空間建築物所有權者亦稱為住戶

（A）4. 依公寓大廈管理條例之規定，有關公寓大廈「專有部分」之敘述，下列何者錯誤？　　　　　　　　　　　　　　　　【簡單】

(A) 係指公寓大廈共用部分經約定供特定區分所有權人使用者

(B) 係指公寓大廈之一部分，具有使用上之獨立性，且為區分所有標的者

(C) 專有部分不得與其所屬建築物共用部分之應有部分及其基地所有權或地上權之應有部分分離而移轉

(D) 區分所有權人對專有部分之利用，不得有違反區分所有權人共同利益之行為

（C）5. 依據公寓大廈管理條例，下列何者可為約定專用部分？　　【適中】

(A) 社區內巷道　　　　　　　　(B) 連通專有部分之走廊

(C) 依法令退縮之露臺　　　　　(D) 公寓大廈本身所占之地面

（B）6. 公寓大廈中連通數個專有部分之走廊或樓梯及其通往室外之通路或門廳，其使用原則為何？　　　　　　　　　　　　【簡單】

(A) 得任意使用供做專有部分　　(B) 不得任意使用供做專有部分

(C) 得為約定專用部分　　　　　(D) 不得為約定共用部分

二、公寓大廈管理條例第 25 條

關鍵字與法條	條文內容
1. 召開臨時會議比率多少以上之同意始得召開？ 2. 召開區分所有權人會議應由何人擔任召集人？ 【公寓大廈管理條例 #25】	區分所有權人會議，由全體區分所有權人組成，每年至少應召開定期會議一次。 有下列情形之一者，應召開臨時會議： 一、發生重大事故有及時處理之必要，經管理負責人或管理委員會請求者。 二、經區分所有權人五分之一以上及其區分所有權比例合計五分之一以上，以書面載明召集之目的及理由請求召集者。 區分所有權人會議除第二十八條規定外，由具區分所有權人身分之管理負責人、管理委員會主任委員或管理委員為召集人；管理負責人、管理委員會主任委員或管理委員喪失區分所有權人資格日起，視同解任。無管理負責人或管理委員會，或無區分所有權人擔任管理負責人、主任委員或管理委員時，由區分所有權人互推一人為召集人；召集人任期依區分所有權人會議或依規約規定，任期一至二年，連選得連任一次。但區分所有權人會議或規約未規定者，任期一年，連選得連任一次。 召集人無法依前項規定互推產生時，各區分所有權人得申請直轄市、縣（市）主管機關指定臨時召集人，區分所有權人不申請指定時，直轄市、縣（市）主管機關得視實際需要指定區分所有權人一人為臨時召集人，或依規約輪流擔任，其任期至互推召集人為止。

題庫練習：

（A）1.	公寓大廈之區分所有權人欲召開臨時區分所有權人會議時，最少須經區分所有權人及其區分所有權比率多少以上之同意始得召開？【困難】 (A) 1/5　　(B) 1/4　　(C) 1/3　　(D) 1/2
（A）2.	依公寓大廈管理條例第 25 條規定，無管理負責人或管理委員會之老舊公寓大廈，召開區分所有權人會議應由何人擔任召集人？　　【簡單】 (A) 由區分所有權人互推一人為召集人 (B) 由區分所有權占比例最高者為召集人 (C) 由建築物之起造人為召集人 (D) 報請當地主管機關指定一人為召集人
（D）3.	有關區分所有權人會議之規定，下列何者錯誤？　　　　【適中】 (A) 區分所有權人會議由全體區分所有權人組成 (B) 經區分所有權人五分之一以上及其區分所有權比例合計五分之一以

上，以書面載明召集之目的及理由請求召集者，應召開臨時會議

(C) 區分所有權人會議每年至少應召開定期會議一次

(D) 發生重大事故有及時處理之必要者，經全體住戶請求，應召開臨時會議

（A）4. 公寓大廈之區分所有權人會議由全體區分所有權人組成，依規定每年至少應召開定期會議幾次？ 【簡單】

(A) 1　　(B) 2　　(C) 3　　(D) 4

三、公寓大廈管理條例第 56 條

關鍵字與法條	條文內容
1. 專有部分之陽台測繪規定？ 2. 起造人應於何時完成規約草約？ 【公寓大廈管理條例 #56】	公寓大廈之**起造人於申請建造執照時**，應檢附專有部分、共用部分、約定專用部分、約定共用部分標示之詳細圖說及規約草約。於設計變更時亦同。 前項規約草約經承受人簽署同意後，於區分所有權人會議訂定規約前，視為規約。 公寓大廈之起造人或區分所有權人應依**使用執照**所記載之用途及下列**測繪規定**，辦理建物所有權第一次登記： 一、獨立建築物所有權之牆壁，以牆之外緣為界。 二、建築物共用之牆壁，以牆壁之中心為界。 三、**附屬建物以其外緣為界辦理登記。** 四、有隔牆之共用牆壁，依第二款之規定，無隔牆設置者，以使用執照竣工平面圖區分範圍為界，其面積應包括四周牆壁之厚度。 第一項共用部分之圖說，應包括設置管理維護使用空間之詳細位置圖說。本條例中華民國九十二年十二月九日修正施行前，領得使用執照之公寓大廈，得設置一定規模、高度之管理維護使用空間，並不計入建築面積及總樓地板面積；其免計入建築面積及總樓地板面積之一定規模、高度之管理維護使用空間及設置條件等事項之辦法，由直轄市、縣（市）主管機關定之。

題庫練習：

（D）1. 起造人申辦建物所有權第一次登記時，依公寓大廈管理條例第 56 條規定，專有部分之陽台測繪規定為何？ 【適中】

(A) 陽台為附屬建物，依法不得辦理登記

(B) 以陽台外圍之欄杆或牆壁中心為界辦理登記

（C）以陽台之內緣為界辦理登記

（D）以陽台之外緣為界辦理登記

（A）2. 依公寓大廈管理條例第 56 條規定，新建築物之起造人應於何時完成規約草約？　　　　　　　　　　　　　　　　　　　　　【適中】

（A）於申請建造執照時併同檢附

（B）於申報開工時併同施工計畫檢附

（C）於申請使用執照時併同檢附

（D）於辦理銷售前向地方主管機關完成報備

（D）3. 公寓大廈之起造人辦理建築物所有權第一次登記時，相關測繪係依據何種執照記載之內容？　　　　　　　　　　　　　　　　　【簡單】

（A）拆除執照　　（B）建造執照　　（C）雜項執照　　（D）使用執照

（A）4. 建物所有權狀中，所指建物下列何者歸屬為附屬建物？　　【適中】

（A）陽台、花台　（B）公共梯間　（C）屋頂突出物　（D）防空避難室

四、公寓大廈管理條例第 8 條

關鍵字與法條	條文內容
幾個月內自行恢復原狀？ 【公寓大廈管理條例 #8】	公寓大廈周圍上下、外牆面、樓頂平臺及不屬專有部分之防空避難設備，其變更構造、顏色、**設置廣告物**、鐵鋁窗或其他類似之行為，除應依法令規定辦理外，該公寓大廈規約另有規定或區分所有權人會議已有決議，經向直轄市、縣（市）主管機關完成報備有案者，**應受該規約或區分所有權人會議決議之限制**。 公寓大廈有十二歲以下兒童或六十五歲以上老人之住戶，外牆開口部或陽臺得設置不妨礙逃生且不突出外牆面之防墜設施。防墜設施設置後，設置理由消失且不符前項限制者，區分所有權人應予改善或回復原狀。 住戶違反第一項規定，管理負責人或管理委員會應予制止，經制止而不遵從者，應報請主管機關依第四十九條第一項規定處理，**該住戶並應於一個月內回復原狀**。屆期未回復原狀者，得由管理負責人或管理委員會回復原狀，其費用由該住戶負擔。

題庫練習：

（A）1.	公寓大廈之住戶若違反相關規定，任意裝設鐵窗，經管理委員會制止而不遵從者，除報請主管機關處理外，該住戶最長應於幾個月內自行恢復原狀？　　　　　　　　　　　　　　　　　　　　　　　　【簡單】

（A) 1　　（B) 2　　（C) 3　　（D) 6

（C）2.　公寓大廈之外牆面欲設置廣告物時，除應依相關法令規定辦理外，仍
　　　　應受下列何項決議之限制？　　　　　　　　　　　　　　　【適中】
　　　　（A) 管理委員會　　　　　　　　　（B) 管理負責人
　　　　（C) 區分所有權人會議　　　　　　（D) 管理服務人

（D）3.　下列何者不須載明於公寓大廈之規約中，即生效力？　　　　【適中】
　　　　（A) 約定專用部分、約定共用部分之範圍及使用主體
　　　　（B) 禁止住戶飼養動物之特別約定
　　　　（C) 財務運作之監督規範
　　　　（D) 禁止外牆面違規設置廣告物

五、公寓大廈管理條例第 36 條

關鍵字與法條	條文內容
管理委員會之職務？ 【公寓大廈管理條例 #36】	管理委員會之職務如下： **一、區分所有權人會議決議事項之執行。** 二、共有及共用部分之清潔、維護、修繕及一般改良。 三、公寓大廈及其周圍之安全及環境維護事項。 四、住戶共同事務應興革事項之建議。 **五、住戶違規情事之制止及相關資料之提供。** 六、住戶違反第六條第一項規定之協調。 **七、收益、公共基金及其他經費之收支、保管及** 運用 。 八、規約、會議紀錄、使用執照謄本、竣工圖說、水電、消防、機械設施、管線圖說、會計憑證、會計帳簿、財務報表、公共安全檢查及消防安全設備檢修之申報文件、印鑑及有關文件之保管。 **九、管理服務人之委任、僱傭及監督。** **十、會計報告、結算報告及其他管理事項之提出及公告。** 十一、共用部分、約定共用部分及其附屬設施設備之點收及保管。 十二、依規定應由管理委員會申報之公共安全檢查與消防安全設備檢修之申報及改善之執行。 十三、其他依本條例或規約所定事項。

題庫練習：

（A）1. 下列何者非公寓大廈管理條例第 36 條規定管理委員會之職務？【適中】
(A) 議決公共基金之分配
(B) 會計報告、結算報告及其他管理事項之提出公告
(C) 住戶違規情事之制止及相關資料提供
(D) 管理服務人之委任、僱傭及監督

（A）2. 依公寓大廈管理條例，下列何項非為管理委員會之職務？ 【適中】
(A) 指派管理服務人員辦理管理維護事務
(B) 區分所有權人會議決議事項之執行
(C) 收益、公共基金及其他經費之收支、保管及運用
(D) 管理服務人之委任、僱傭及監督

（D）3. 公寓大廈之住戶因為設置管線而必須使用共用管道間時，須取得何者之同意後為之？ 【簡單】
(A) 當層住戶 (B) 上下層住戶 (C) 全體住戶 (D) 管理委員會

六、公寓大廈管理條例第 7 條

關鍵字與法條	條文內容
共用部分不得獨立使用，並不得為約定專用部分 【公寓大廈管理條例 #7】	公寓大廈共用部分**不得獨立使用**供做專有部分。其為下列各款者，**並不得為約定專用部分**： 一、**公寓大廈本身所占之地面。** 二、**連通數個專有部分之走廊或樓梯**，及其通往室外之通路或門廳；社區內各巷道、防火巷弄。 三、**公寓大廈基礎、主要樑柱、承重牆壁、樓地板及屋頂之構造。** 四、約定專用有違法令使用限制之規定者。 五、其他有固定使用方法，並屬區分所有權人生活利用上不可或缺之共用部分。

題庫練習：

（D）1. 有關公寓大廈之基礎、主要梁柱、承重牆壁、樓地板及屋頂之構造敘述，下列何者正確？ 【適中】
(A) 為共用部分，得獨立使用
(B) 為專有部分，但不得為約定專用部分
(C) 得獨立使用，並得為約定專用部分

（D) 不得獨立使用，並不得為約定專用部分

（B）2.　公寓大廈共用部分不得獨立使用供作專有部分，但下列何者得為約定
專用部分？　　　　　　　　　　　　　　　　　　　　　　　【適中】
(A) 公寓大廈之屋頂構造　　　　　　　(B) 法定停車空間
(C) 連通數個專有部分之走廊或樓梯　　(D) 公寓大廈本身所占之地面

七、公寓大廈管理條例第 9 條

關鍵字與法條	條文內容
住戶對共用部分遵守相關法令 【公寓大廈管理條例 #9】	各區分所有權人按其共有之應有部分比例，對建築物之共用部分及其基地有使用收益之權。但另有約定者從其約定。 住戶對共用部分之使用應依其設置目的及通常使用方法為之。但另有約定者從其約定。 前二項但書所約定事項，不得違反**本條例、區域計畫法、都市計畫法及建築法令**之規定。 住戶違反第二項規定，管理負責人或管理委員會應予制止，並得按其性質請求各該主管機關或訴請法院為必要之處置。如有損害並得請求損害賠償。

題庫練習：

（B）1.	公寓大廈之住戶對共用部分之使用應依其設置目的及通常使用方法為之，且須遵守相關法令，其中不包括下列何者？　　　　　　　【簡單】 (A) 建築法　　(B) 營造業法　　(C) 都市計畫法　　(D) 區域計畫法
（B）2.	依公寓大廈管理條例第 9 條規定，公寓大廈各區分所有權人係按何比例對建築物之共用部分及其基地有使用收益之權？　　　　　【困難】 (A) 按其專有部分面積比例 (B) 按其共有之應有部分比例 (C) 按其專有部分及共用合計之面積比例 (D) 基於社區自治精神，由管委會決定

八、公寓大廈管理條例第 11 條

關鍵字與法條	條文內容
區分所有權人會議之決議 【公寓大廈管理條例 #11】	共用部分及其相關設施之拆除、重大修繕或改良，應依區分所有權人會議之決議為之。 前項費用，由公共基金支付或由區分所有權人按其共有之應有部分比例分擔。

題庫練習：

（D）1. 建築物使用期間，若涉及公寓大廈共用部分之拆除、重大修繕或改良，應依下列何種程序始得施作？　　　　　　　　　【簡單】
(A) 取得管理服務人之同意　　　　(B) 取得管理委員會之同意
(C) 取得當層區分所有權人之同意　(D) 依區分所有權人會議之決議

（D）2. 公寓大廈共用部分及其相關設施之拆除、重大修繕或改　，應以何者之決議為之？　　　　　　　　　　　　　　　【簡單】
(A) 管理委員會　　　　　　　　(B) 管理負責人
(C) 管理服務人　　　　　　　　(D) 區分所有權人會議

九、公寓大廈管理條例第 12 條

關鍵字與法條	條文內容
專有部分之共同壁及其內之管線，其維修費用該由下列何者負擔？ 【公寓大廈管理條例 #12】	專有部分之共同壁及樓地板或其內之管線，其維修費用由該共同壁雙方或樓地板上下方之區分所有權人共同負擔。但修繕費係因可歸責於區分所有權人之事由所致者，由該區分所有權人負擔。

題庫練習：

（C）1. 依公寓大廈管理條例規定，專有部分之共同壁及其內之管線，因年久老化必須修繕，其維修費用該由下列何者負擔？　　【簡單】
(A) 管線之所有權人負擔
(B) 全體區分所有權人負擔
(C) 共同壁雙方之區分所有權人共同負擔

　　　　　(D) 管理委員會決議負擔方式

（D）2. 公寓大廈中樓地板上方之浴室漏水至下方住家時，維修費應由誰負擔？　　　　　　　　　　　　　　　　　　　　　　　　【簡單】

　　　　　(A) 由樓地板上下方住戶共同負擔

　　　　　(B) 由樓地板上方住戶負擔

　　　　　(C) 由樓地板下方住戶負擔

　　　　　(D) 由樓地板上下方住戶共同負擔，但漏水係可歸責於某方所致者，由該方負責

十、公寓大廈管理條例第 18 條

關鍵字與法條	條文內容
設置之公共基金 【公寓大廈管理條例 #18】	公寓大廈應設置公共基金，其來源如下： 一、起造人就公寓大廈**領得使用執照一年內**之管理維護事項，應按工程造價一定比例或金額提列。 二、區分所有權人依區分所有權人會議決議繳納。 三、本基金之孳息。 四、其他收入。 依前項第一款規定提列之公共基金，起造人於該公寓大廈使用執照申請時，應提出繳交各直轄市、縣（市）主管機關公庫代收之證明；於公寓大廈成立管理委員會或推選管理負責人，並完成依第五十七條規定點交共用部分、約定共用部分及其附屬設施設備後向直轄市、縣（市）主管機關報備，由公庫代為撥付。同款所稱比例或金額，由中央主管機關定之。 **公共基金應設專戶儲存，並由管理負責人或管理委員會負責管理；如經區分所有權人會議決議交付信託者，由管理負責人或管理委員會交付信託。其運用應依區分所有權人會議之決議為之。** 第一項及第二項所規定起造人應提列之公共基金，於本條例公布施行前，起造人已取得建造執照者，不適用之。

題庫練習：

（C）1.	公寓大廈應設置之公共基金，其來源之一為起造人就公寓大廈 1 年內之管理維護事項，按工程造價一定比例或金額提列之。此項金額應於何時繳交？　　　　　　　　　　　　　　　　　　　【適中】

　　　　　(A) 領得建造執照前　　　　　　(B) 申報工程開工前

　　　　　(C) 申請使用執照前　　　　　　(D) 建物移轉登記後

（B）2. 有關公寓大廈管理之敘述，下列何者正確？　　　　　　　【簡單】
  (A) 起造人於召開區分所有權人會議，成立管理委員會前，為公寓大廈之管理服務人
  (B) 公寓大廈之起造人或建築業者不得將共用部分讓售於特定人
  (C) 公寓大廈起造人或建築業者，非經領得使用執照，不得辦理銷售
  (D) 起造人就公寓大廈領得使用執照 3 年內，設置公共基金代號

（D）3. 公寓大廈之公共基金應設專戶儲存，並由管理負責人或管理委員會負責管理，其運用是依何者之決議為之？　　　　　　　【適中】
  (A) 管理委員會　　　　　　　　(B) 管理負責人
  (C) 管理服務人　　　　　　　　(D) 區分所有權人會議

十一、公寓大廈管理條例第 21、22 條

關鍵字與法條	條文內容
積欠應分擔之費用的受償順序 【公寓大廈管理條例 #21】	區分所有權人或住戶積欠應繳納之公共基金或應分擔或其他應負擔之費用已逾二期或達相當金額，經定相當期間催告仍不給付者，管理負責人或管理委員會得訴請法院命其給付應繳之金額及遲延利息。
積欠依本條例規定應分擔之費用 【公寓大廈管理條例 #22】	住戶有下列情形之一者，由管理負責人或管理委員會促請其改善，於**三個月內仍未改善者**，管理負責人或管理委員會得依區分所有權人會議之決議，訴請法院強制其遷離： **一、積欠依本條例規定應分擔之費用，經強制執行後再度積欠金額達其區分所有權總價百分之一者。** 二、違反本條例規定經依第四十九條第一項第一款至第四款規定處以罰鍰後，仍不改善或續犯者。 三、其他違反法令或規約情節重大者。 前項之住戶如為區分所有權人時，管理負責人或管理委員會得依區分所有權人會議之決議，訴請法院命區分所有權人出讓其區分所有權及其基地所有權應有部分；於判決確定後三個月內不自行出讓並完成移轉登記手續者，管理負責人或管理委員會得聲請法院拍賣之。 前項拍賣所得，除其他法律另有規定外，於積欠本條例應分擔之費用，其受償順序與第一順位抵押權同。

題庫練習：

（D）1.　依法院判決區分所有權人出讓其區分所有權及其基地所有權應有部分
　　　　確定，經管理委員會聲請法院拍賣之所得除其他法律另有規定外，依
　　　　公寓大廈管理條例之規定，其所積欠應分擔之費用的受償順序為何？
　　　　　　　　　　　　　　　　　　　　　　　　　　　　　　　【適中】
　　　　(A) 與普通抵押權同等順位　　　　(B) 與一般債權同等順位
　　　　(C) 與最高限額抵押權同等順位　　(D) 與第一順位抵押權同等順位
（A）2.　住戶若積欠公寓大廈管理條例規定應分擔之費用，經強制執行後再度
　　　　積欠金額達其區分所有權總價百分之一以上時，可由管理委員會促請
　　　　該住戶最長必須於幾個月內改善？　　　　　　　　　　　　【簡單】
　　　　(A) 3　　(B) 4　　(C) 5　　(D) 6

十二、公寓大廈管理條例第 27 條

關鍵字與法條	條文內容
1. 關係人代理出席？ 2. 表決權應如何行使？ 【公寓大廈管理條例 #27】	各專有部分之區分所有權人有一表決權。**數人共有一專有部分者，該表決權應推由一人行使。** 區分所有權人會議之出席人數與表決權之計算，於任一區分所有權人之區分所有權占全部區分所有權五分之一以上者，或任一區分所有權人所有之專有部分之個數超過全部專有部分個數總合之五分之一以上者，其超過部分不予計算。 **區分所有權人因故無法出席區分所有權人會議時，得以書面委託配偶、有行為能力之直系血親、其他區分所有權人或承租人代理出席**；受託人於受託之區分所有權占全部區分所有權五分之一以上者，或以單一區分所有權計算之人數超過區分所有權人數五分之一者，其超過部分不予計算。

題庫練習：

（A）1.　公寓大廈之區分所有權人因故無法出席區分所有權人會議時，得以書
　　　　面委託配偶、有行為能力之直系血親、其他區分所有權人及何種身分
　　　　之關係人代理出席？　　　　　　　　　　　　　　　　　　【簡單】
　　　　(A) 承租人
　　　　(B) 社區總幹事
　　　　(C) 二親等之旁系姻親
　　　　(D) 依民事訴訟法委託之訴訟代理人

（C）2.　公寓大廈召開區分所有權人會議時，若遇 3 人共有一戶，其表決權應如何行使？　　　　　　　　　　　　　　　　　　　　【適中】
　　　(A) 由所有權比例較高者代表行使　　(B) 三人可分別行使
　　　(C) 互推一人行使　　　　　　　　　(D) 由戶長行使

十三、公寓大廈管理條例第 49、58 條

關鍵字與法條	條文內容
未經領得建築執照，即辦理對外銷售處以下列何種罰鍰【公寓大廈管理條例 #49】	有下列行為之一者，由直轄市、縣（市）**主管機關處新臺幣四萬元以上二十萬元以下罰鍰**，並得令其限期改善或履行義務；屆期不改善或不履行者，得連續處罰： 一、區分所有權人對專有部分之利用違反第五條規定者。 二、住戶違反第八條第一項或第九條第二項關於公寓大廈變更使用限制規定，經制止而不遵從者。 三、住戶違反第十五條第一項規定擅自變更專有或約定專用之使用者。 四、住戶違反第十六條第二項或第三項規定者。 五、住戶違反第十七條所定投保責任保險之義務者。 六、區分所有權人違反第十八條第一項第二款規定未繳納公共基金者。 七、管理負責人、主任委員或管理委員違反第二十條所定之公告或移交義務者。 **八、起造人或建築業者違反第五十七條或第五十八條規定者。** 有供營業使用事實之住戶有前項第三款或第四款行為，因而致人於死者，處一年以上七年以下有期徒刑，得併科新臺幣一百萬元以上五百萬元以下罰金；致重傷者，處六個月以上五年以下有期徒刑，得併科新臺幣五十萬元以上二百五十萬元以下罰金。
未經領得建築執照，即辦理對外銷售處以下列何種罰鍰【公寓大廈管理條例 #58】	**公寓大廈起造人或建築業者，非經領得建造執照，不得辦理銷售。公寓大廈之起造人或建築業者，不得將共用部分**，包含法定空地、法定停車空間及法定防空避難設備，**讓售於特定人或為區分所有權人以外之特定人設定專用使用權**或為其他有損害區分所有權人權益之行為。

題庫練習：

（C）1.　公寓大廈起造人未經領得建築執照，即辦理對外銷售，得由直轄市、
縣（市）主管機關處以下列何種罰鍰，並命令其限期改善？　【適中】
　　　（A）一萬元以上，兩萬元以下　　　（B）兩萬元以上，三萬元以下
　　　（C）四萬元以上，二十萬元以下　　（D）三十萬元以上，五十萬元以下
（B）2.　有關公寓大廈管理之敘述，下列何者正確？　　　　　　　【簡單】
　　　（A）起造人於召開區分所有權人會議，成立管理委員會前，為公寓大廈
之管理服務人
　　　（B）公寓大廈之起造人或建築業者不得將共用部分讓售於特定人
　　　（C）公寓大廈起造人或建築業者，非經領得使用執照，不得辦理銷售
　　　（D）起造人就公寓大廈領得使用執照 3 年內，設置公共基金代號

十四、公寓大廈管理條例第 10 條

關鍵字與法條	條文內容
住戶對共用部分遵守相關法令 【公寓大廈管理條例 #10】	專有部分、**約定專用部分之修繕、管理、維護**，由各該**區分所有權人**或約定專用部分之使用人為之，並負擔其費用。 共用部分、約定共用部分之修繕、管理、維護，由管理負責人或管理委員會為之。其費用由公共基金支付或由區分所有權人按其共有之應有部分比例分擔。但修繕費係因可歸責於區分所有權人或住戶之事由所致者，由該區分所有權人或住戶負擔。其費用若區分所有權人會議或規約另有規定者，從其規定。 前項共用部分、約定共用部分，若涉及公共環境清潔衛生之維持、公共消防滅火器材之維護、公共通道溝渠及相關設施之修繕，其費用政府得視情況予以補助，補助辦法由直轄市、縣（市）政府定之。

題庫練習：

（C）　依公寓大廈管理條例規定，約定專用部分之修繕、管理、維護，其費用
應由誰負擔？　　　　　　　　　　　　　　　　　　　　【簡單】
　　　（A）由公共基金支付　　　　　　　（B）由管理委員會負擔
　　　（C）由約定專用部分之使用人負擔　（D）由管理負責人負擔

十五、公寓大廈管理條例第 17 條

關鍵字與法條	條文內容
保險費、差額補償費及其他費用，由該住戶負擔 【公寓大廈管理條例 #17】	住戶於公寓大廈內依法**經營餐飲、瓦斯、電焊或其他危險營業或存放有爆炸性或易燃性物品者**，應依中央主管機關所定保險金額投保公共意外責任保險。其因此**增加其他住戶投保火災保險之保險費者，並應就其差額負補償責任**。其投保、補償辦法及保險費率由中央主管機關會同財政部定之。 前項投保公共意外責任保險，經催告於七日內仍未辦理者，管理負責人或管理委員會應代為投保；**其保險費、差額補償費及其他費用，由該住戶負擔。**

題庫練習：

（B）	公寓大廈住戶依法於大廈內經營餐飲，除依規定投保公共意外責任險，其他住戶之火災保險費用之差額補償費應由誰支付？　　【簡單】 (A) 公共基金支付　　　　　　　(B) 經營餐飲之住戶支付 (C) 全體區分所有權人支付　　　(D) 管理委員會決議支付

十六、公寓大廈管理條例第 19 條

關鍵字與法條	條文內容
區分所有權 【公寓大廈管理條例 #19】	區分所有權人對於公共基金之權利**應隨區分所有權之轉移而移轉**；不得因個人事由為讓與、扣押、抵銷或設定負擔。

題庫練習：

（D）	甲在某社區居住 20 年，每年均按月繳交管理費納入公共基金，今年甲因搬家而出售位於該社區之房地之產權給乙，試問甲對於該公共基金之權利應如何處理？　　【非常簡單】 (A) 用剩的部分返還給甲　　　　(B) 抵繳甲應負擔之搬家費用 (C) 抵繳甲應負擔的銀行貸款　　(D) 隨著該房地之產權移轉給乙

十七、公寓大廈管理條例第 28 條

關鍵字與法條	條文內容
公寓大廈之管理負責人 【公寓大廈管理條例 #28】	公寓大廈建築物所有權登記之區分所有權人達半數以上及其區分所有權比例合計半數以上時，起造人應於三個月內召集區分所有權人召開區分所有權人會議，成立管理委員會或推選管理負責人，並向直轄市、縣（市）主管機關報備。 前項起造人為數人時，應互推一人為之。出席區分所有權人之人數或其區分所有權比例合計未達第三十一條規定之定額而未能成立管理委員會時，起造人應就同一議案重新召集會議一次。 **起造人於召集區分所有權人召開區分所有權人會議成立管理委員會或推選管理負責人前，為公寓大廈之管理負責人。**

題庫練習：

（B）	有關公寓大廈管理之敘述，下列何者正確？	【簡單】

　　(A) 起造人於召開區分所有權人會議，成立管理委員會前，為公寓大廈之管理服務人
　　(B) 公寓大廈之起造人或建築業者不得將共用部分讓售於特定人
　　(C) 公寓大廈起造人或建築業者，非經領得使用執照，不得辦理銷售
　　(D) 起造人就公寓大廈領得使用執照 3 年內，設置公共基金代號

十八、公寓大廈管理條例第 29 條

關鍵字與法條	條文內容
主任委員應如何產生？ 【公寓大廈管理條例 #29】	公寓大廈應成立管理委員會或推選管理負責人。 公寓大廈成立管理委員會者，**應由管理委員互推一人為主任委員**，主任委員對外代表管理委員會。主任委員、管理委員之選任、解任、權限與其委員人數、召集方式及事務執行方法與代理規定，依區分所有權人會議之決議。但規約另有規定者，從其規定。 管理委員、主任委員及管理負責人之任期，依區分所有權人會議或規約之規定，任期一至二年，主任委員、管理負責人、負責財務管理及監察業務之管理委員，連選得連任一次，其餘管理委員，連選得連任。但區分所有權人會議或規約未規定者，任期一年，主任委員、管理負責人、負責財務管理及監察業務之管理委員，連選得連任一次，其餘管理委員，連選得連任。

關鍵字與法條	條文內容
	前項管理委員、主任委員及管理負責人任期屆滿未再選任或有第二十條第二項所定之拒絕移交者，自任期屆滿日起，視同解任。 公寓大廈之住戶非該專有部分之區分所有權人者，除區分所有權人會議之決議或規約另有規定外，得被選任、推選為管理委員、主任委員或管理負責人。 公寓大廈未組成管理委員會且未推選管理負責人時，以第二十五條區分所有權人互推之召集人或申請指定之臨時召集人為管理負責人。區分所有權人無法互推召集人或申請指定臨時召集人時，區分所有權人得申請直轄市、縣（市）主管機關指定住戶一人為管理負責人，其任期至成立管理委員會、推選管理負責人或互推召集人為止。

題庫練習：

（C）　公寓大廈成立管理委員會時，其主任委員應如何產生？　　【適中】
　　　　(A) 由全體住戶選舉選出　　　　(B) 由全體區分所有權人選舉選出
　　　　(C) 由管理委員互推一人　　　　(D) 由起造人擔任

十九、公寓大廈管理條例第 31 條

關鍵字與法條	條文內容
出席比例規定之敘述 【公寓大廈管理條例 #31】	區分所有權人會議之決議，除規約另有規定外，**應有區分所有權人三分之二以上及其區分所有權比例合計三分之二以上出席**，以出席人數四分之三以上及其區分所有權比例占出席人數區分所有權四分之三以上之同意行之。

題庫練習：

（D）　公寓大廈區分所有權人會議之決議，除規約另有規定外，有關出席比例規定之敘述，下列何者正確？　　【困難】
　　　　(A) 應有區分所有權人及其區分所有權比例各 1/2 以上
　　　　(B) 應有區分所有權人及其區分所有權比例各 3/4 以上
　　　　(C) 應有區分所有權人 1/2 及其區分所有權比例 2/3 以上
　　　　(D) 應有區分所有權人 2/3 以上及其區分所有權比例合計 2/3 以上

二十、公寓大廈管理條例第 33 條

關鍵字與法條	條文內容
區分所有權人同意 【公寓大廈管理條例 #33】	區分所有權人會議之決議，未經依下列各款事項辦理者，不生效力： 一、專有部分經依區分所有權人會議約定為約定共用部分者，應經該專有部分區分所有權人同意。 二、公寓大廈外牆面、樓頂平臺，設置廣告物、無線電台基地台等類似強波發射設備或其他類似之行為，設置於屋頂者，**應經頂層區分所有權人同意**；設置其他樓層者，應經該樓層區分所有權人同意。該層住戶，並得參加區分所有權人會議陳述意見。 三、依第五十六條第一項規定成立之約定專用部分變更時，應經使用該約定專用部分之區分所有權人同意。但該約定專用顯已違反公共利益，經管理委員會或管理負責人訴請法院判決確定者，不在此限。

題庫練習：

（C）	某社區欲在公寓大廈樓頂設置廣告，以增加社區公共基金之收入，惟向當地主管建築機關申請廣告物設置許可前，應依下列何種程序辦理始生效力？　　　　　　　　　　　　　　　　　　　　【適中】 (A) 應經管理委員會會議決議 (B) 應經區分所有權人會議決議 (C) 應經區分所有權人會議決議，且經該頂層區分所有權人同意 (D) 應經區分所有權人會議決議，且會議紀錄經法院公證

二十一、公寓大廈管理條例第 34 條

關鍵字與法條	條文內容
區分所有權人會議記錄公告日 【公寓大廈管理條例 #34】	區分所有權人會議應作成會議紀錄，載明開會經過及決議事項，由主席簽名，於會後**十五日內**送達各區分所有權人並公告之。 前項會議紀錄，應與出席區分所有權人之簽名簿及代理出席之委託書一併保存。

題庫練習：

（B）　公寓大廈之區分所有權人會議應作成會議紀錄，載明開會經過及決議事項，並由主席簽名，最遲應於會後幾日內送達各區分所有權人並公告之？

【適中】

(A) 7　　(B) 15　　(C) 20　　(D) 30

二十二、公寓大廈管理條例第 35、48 條

關鍵字與法條	條文內容
無正當理由拒絕利害關係人於必要時請求閱覽公共基金餘額之罰鍰？ 【公寓大廈管理條例 #35】	利害關係人於必要時，得請求閱覽或影印規約、**公共基金餘額**、會計憑證、會計帳簿、財務報表、欠繳公共基金與應分攤或其他應負擔費用情形、管理委員會會議紀錄及前條會議紀錄，管理負責人或管理委員會**不得拒絕**
無正當理由拒絕利害關係人於必要時請求閱覽公共基金餘額之罰鍰？ 【公寓大廈管理條例 #48】	有下列行為之一者，由直轄市、縣（市）主管機關處新臺幣**一千元以上五千元以下罰鍰**，並得令其限期改善或履行義務、職務；屆期不改善或不履行者，得連續處罰： 一、管理負責人、主任委員或管理委員未善盡督促第十七條所定住戶投保責任保險之義務者。 二、管理負責人、主任委員或管理委員無正當理由未執行第二十二條所定促請改善或訴請法院強制遷離或強制出讓該區分所有權之職務者。 三、**管理負責人、主任委員或管理委員無正當理由違反第三十五條規定者。** 四、管理負責人、主任委員或管理委員無正當理由未執行第三十六條第一款、第五款至第十二款所定之職務，顯然影響住戶權益者。

題庫練習：

（A）　公寓大廈之管理負責人若無正當理由拒絕利害關係人於必要時請求閱覽公共基金餘額時，可由主管機關處以新臺幣多少之罰鍰？　　【困難】

(A) 一千元以上，五千元以下　　(B) 六千元以上，一萬元以下

(C) 一萬元以上，兩萬元以下　　(D) 兩萬元以上，三萬元以下

二十三、公寓大廈管理條例第 51 條

關鍵字與法條	條文內容
使用他人之認可證執業屆期不改正者六個月以上三年以下 【公寓大廈管理條例 #51】	公寓大廈管理維護公司，違反第四十三條規定者，中央主管機關應通知限期改正；屆期不改正者，得予停業、廢止其許可或登記證或處新臺幣三萬元以上十五萬元以下罰鍰；其未依規定向中央主管機關申領登記證者，中央主管機關應廢止其許可。 受僱於公寓大廈管理維護公司之管理服務人員，違反第四十四條規定者，中央主管機關應通知限期改正；屆期不改正者，得廢止其認可證或停止其執行公寓大廈管理維護業務三個月以上三年以下或處新臺幣三千元以上一萬五千元以下罰鍰。 前項以外之**公寓大廈管理服務人員，違反第四十五條規定者，中央主管機關應通知限期改正；屆期不改正者，得廢止其認可證或停止其執行公寓大廈管理維護業務六個月以上三年以下或處新臺幣三千元以上一萬五千元以下罰鍰。**

題庫練習：

（C）	公寓大廈管理服務人員使用他人之認可證執業，中央主管機關可通知其限期改正，屆期不改正者，可停止其執行管理業務多久？　　【適中】 (A) 一個月以上，三個月以下　　(B) 三個月以上，五個月以下 (C) 六個月以上，三年以下　　(D) 四年以上，六年以下

二十四、公寓大廈管理條例第 55 條

關鍵字與法條	條文內容
區分所有權人會議應由何人擔任召集人？ 【公寓大廈管理條例 #55】	本條例**施行前已取得建造執照之公寓大廈**，其**區分所有權人應依**第二十五條第四項規定，**互推一人為召集人**，並召開第一次區分所有權人會議，成立管理委員會或推選管理負責人，並向直轄市、縣（市）主管機關報備。 前項公寓大廈於區分所有權人會議訂定規約前，以第六十條規約範本視為規約。但得不受第七條各款不得為約定專用部分之限制。 對第一項未成立管理組織並報備之公寓大廈，直轄市、縣（市）主管機關得分期、分區、分類（按樓高或使用之不同等分類）擬定計畫，輔導召開區分所有權人會議成立管理委員會或推選管理負責人，並向直轄市、縣（市）主管機關報備。

題庫練習：

（D）　依公寓大廈管理條例第 55 條規定，該條例施行前已取得建造執照之公寓
　　　大廈，欲依法成立管理委員會，其區分所有權人會議應由何人擔任召集
　　　人？　　　　　　　　　　　　　　　　　　　　　　　　【適中】
　　　(A) 由使用執照所登載之起造人為召集人
　　　(B) 由區分所有權所占比例最高者擔任召集人
　　　(C) 由二名以上區分所有權人簽署，請求地方主管機關指定一人為召集人
　　　(D) 由區分所有權人互推一人為召集人

第六章 營造業法

一、營造業法第 3 條

關鍵字與法條	條文內容
1. **聯合承攬** 2. **工地事務及施工 管理之人員** 【營造業法 #3】	七、**聯合承攬**：係指二家以上之綜合營造業共同承攬同一工程之契約行為。 九、**專任工程人員**：係指受聘於營造業之技師或建築師，擔任其所承攬工程之施工技術指導及施工安全之人員。其為技師者，應稱主任技師；其為建築師者，應稱主任建築師。 十、工地主任：係指受聘於營造業，**擔任其所承攬工程之工地事務**及**施工管理之人員**。

題庫練習：

（A）1. 營造業法規定，受聘於營造業，擔任其所承攬工程之工地事務及施工
管理之人員係指下列何者？(10)　　　　　　　　　　　　【簡單】
(A) 工地主任　(B) 品管人員　(C) 專任工程人員　(D) 工程領班

（D）2. 「工地主任」係專有名詞，指受聘於下列何者，擔任其所承攬工程之工
地事務及施工管理工作？(10)　　　　　　　　　　　　【非常簡單】
(A) 建設公司　　　　　　　　(B) 土木結構技師事務所
(C) 建築師事務所　　　　　　(D) 營造業

（A）3. 二家以上之綜合營造業共同承攬同一工程之契約行為稱為：(7)【適中】
(A) 聯合承攬　(B) 分包　(C) 統包　(D) 共同承攬

（C）4. 專任工程人員係指受聘於下列何者之技師或建築師？(9)　　【適中】
(A) 建設公司　　　　　　　　(B) 建築師事務所
(C) 營造業　　　　　　　　　(D) 督導機關

二、營造業法第7條

關鍵字與法條	條文內容
綜合營造業分為甲、乙、丙三等【營造業法 #7】	綜合營造業分為甲、乙、丙三等，並具下列條件： 一、置領有土木、水利、測量、環工、結構、大地或水土保持工程科技師證書或建築師證書，並於考試取得技師證書前修習土木建築相關課程一定學分以上，具二年以上土木建築工程經驗之專任工程人員一人以上。 二、資本額在一定金額以上。 前項第一款之專任工程人員為技師者，應加入各該營造業所在地之技師公會後，始得受聘於綜合營造業。但專任工程人員於縣（市）依地方制度法第七條之一規定改制或與其他直轄市、縣（市）行政區域合併改制為直轄市前，已加入台灣省各該科技師公會者，得繼續加入台灣省各該科技師公會，即可受聘於依地方制度法第七條之一規定改制之直轄市行政區域內之綜合營造業。 第一項第一款應修習之土木建築相關課程及學分數，及第二款之一定金額，由中央主管機關定之。 前項課程名稱及學分數修正變更時，已受聘於綜合營造業之專任工程人員，應於修正變更後二年內提出回訓補修學分證明。屆期未回訓補修學分者，主管機關應令其停止執行綜合營造業專任工程人員業務。 乙等綜合營造業必須由丙等綜合營造業有三年業績，五年內其承攬工程竣工累計達新臺幣二億元以上，並經評鑑二年列為第一級者。 甲等綜合營造業必須由乙等綜合營造業有三年業績，五年內其承攬工程竣工累計達新臺幣三億元以上，並經評鑑三年列為第一級者。

題庫練習：

（B）　營造業法將綜合營造業分為多少等級？ 　　　(A) 2　(B) 3　(C) 4　(D) 5	【簡單】

三、營造業法第 8 條

關鍵字與法條	條文內容
專業營造業登記之專業工程 【營造業法 #8】	專業營造業登記之專業工程項目如下： 一、鋼構工程。二、擋土支撐及土方工程。三、基礎工程。四、施工塔架吊裝及模板工程。五、預拌混凝土工程。六、營建鑽探工程。七、地下管線工程。八、**帷幕牆工程**。九、**庭園、景觀工程**。十、環境保護工程。十一、**防水工程**。十二、其他經中央主管機關會同主管機關增訂或變更，並公告之項目。

題庫練習：

（C）1. 專業營造業登記之專業工程不包括下列何者？　　　　　　【簡單】

(A) 防水工程　(B) 帷幕牆工程　(C) 粉刷工程　(D) 庭園、景觀工程

（D）2. 下列何種工程屬於專業營造業登記之專業工程項目？　　　【困難】

(A) 消防　(B) 室內裝修　(C) 空調　(D) 庭園景觀

四、營造業法第 22 條

關鍵字與法條	條文內容
統包方式承攬？ 【營造業法 #22】	綜合營造業應結合依法**具有規劃、設計資格者**，始得以統包方式承攬。

題庫練習：

（C）1. 綜合營造業應結合依法具有下列何項資格者，始得以統包方式承攬？

【適中】

(A) 監造、維護資格者　　　　　(B) 營運管理、監造資格者

(C) 規劃、設計資格者　　　　　(D) 施工、監造資格者

（D）2. 依營造業法之相關規定，下列何者錯誤？　　　　　　　　【簡單】

(A) 綜合營造業應結合依法具有規劃、設計資格者，始得以統包方式承攬

(B) 營造業負責人不得為其他營造業之負責人、專任工程人員或工地主任

(C) 工地主任每四年應取得回訓證明，始得擔任營造業之工地主任

(D) 營造業之專任工程人員，得為定期契約勞工

五、營造業法第 23 條

關鍵字與法條	條文內容
承攬總額，不得超過淨值 【營造業法 #23】	1. 營造業承攬工程，應依其承攬造價限額及工程規模範圍辦理；其一定期間承攬總額，不得超過**淨值二十倍**。 2. 前項承攬造價限額之計算方式、工程規模範圍及一定期間之認定等相關事項之辦法，由中央主管機關定之。

題庫練習：

（C）	營造業承攬工程，一定期間承攬總額不得超過淨值之多少倍？　【適中】 (A) 10　(B) 15　(C) 20　(D) 25

六、營造業法第 24 條

關鍵字與法條	條文內容
聯合承攬協議書 【營造業法 #24】	1. 營造業聯合承攬工程時，應共同具名簽約，並檢附聯合承攬協議書，共負工程契約之責。 2. 前項聯合承攬協議書內容包括如下： **一、工作範圍。二、出資比率。三、權利義務。** 參與聯合承攬之營造業，其承攬限額之計算，應受前條之限制。

題庫練習：

（A）	依營造業法之規定，聯合承攬協議書之內容，下列何者正確？　【簡單】 (A) 工作範圍、出資比率、權利義務 (B) 工作範圍、出資比率、材料等級 (C) 出資比率、材料等級、權利義務 (D) 工作範圍、權利義務、材料等級

七、營造業法第 25 條

關鍵字與法條	條文內容
轉交工程之施工責任 【營造業法 #25】	1. 綜合營造業承攬之營繕工程或專業工程項目，除與定作人約定需自行施工者外，得交由專業營造業承攬，其轉交工程之施工責任，由原承攬之綜合營造業負責，受轉交之專業營造業並就轉交部分，負連帶責任。 2. 轉交工程之契約報備於定作人且受轉交之專業營造業已申請記載於工程承攬手冊，並經綜合營造業就轉交部分設定權利質權予受轉交專業營造業者，民法第五百十三條之抵押權及第八百十六條因添附而生之請求權，及於綜合營造業對於定作人之價金或報酬請求權。 3. 專業營造業除依第一項規定承攬受轉交之工程外，得依其登記之專業工程項目，向定作人承攬專業工程及該工程之必要相關營繕工程。

題庫練習：

（D）　依營造業法規定，綜合營造業轉交工程予專業營造業時，其轉交工程之施工責任，下列敘述何者正確？　　　　　　　　　　　　【簡單】
(A) 原承攬之綜合營造業無需負責任
(B) 受轉交之專業營造業負全部責任
(C) 受轉交之專業營造業負責，原承攬之綜合營造業負連帶責任
(D) 原承攬之綜合營造業負責，受轉交之專業營造業就轉交部分，負連帶責任

八、營造業法第 26 條

關鍵字與法條	條文內容
1. 建築師法與營造業法規定 2. 承攬工程之敘述 【營造業法 #26】	營造業承攬工程，應依照工程圖樣及說明書製作工地現場施工製造圖及施工計畫書，負責施工。

題庫練習：

（B）	有關營造業法規定承攬工程之敘述，下列何者正確？　　　　【簡單】
	(A) 綜合營造業，應將其專業工程項目發包予專業營造業施作
	(B) 營造業承攬工程應負責製作工地現場施工製造圖及施工計畫書
	(C) 營造業負責人若具資格可兼任專任工程人員
	(D) 綜合營造業之專任工程人員具有建築師資格，始得以統包方式承攬

九、營造業法第 31、32 條

關鍵字與法條	條文內容
建築師法與營造業法規定 【營造業法 #31】	工地主任應符合下列資格之一，並另經中央主管機關評定合格或取得中央勞工行政主管機關依技能檢定法令辦理之營造工程管理甲級技術士證，由中央主管機關核發工地主任執業證者，始得擔任： 一、專科以上學校土木、建築、營建、水利、環境或相關系、科畢業，並於畢業後有二年以上土木或建築工程經驗者。 二、職業學校土木、建築或相關類科畢業，並於畢業後有五年以上土木或建築工程經驗者。 三、高級中學或職業學校以上畢業，並於畢業後有十年以上土木或建築工程經驗者。 四、普通考試或相當於普通考試以上之特種考試土木、建築或相關類科考試及格，並於及格後有二年以上土木或建築工程經驗者。 五、領有建築工程管理甲級技術士證或**建築工程管理乙級技術士證，並有三年以上土木或建築工程經驗者。** 六、專業營造業，得以領有該項專業甲級技術士證或該項專業乙級技術士證，並有三年以上該項專業工程經驗者為之。 本法施行前符合前項第五款資格者，得經完成中央主管機關規定時數之職業法規講習，領有結訓證書者，視同評定合格。 **取得工地主任執業證者，每逾四年，應再取得最近四年內回訓證明，始得擔任營造業之工地主任。** 本法施行前領有內政部與受委託學校會銜核發之工地主任訓練結業證書者，應取得前項回訓證明，由**中央主管機關發給執業證後，始得擔任營造業之工地主任。** 工地主任應於中央政府所在地組織全國營造業工地主任公會，辦理營造業工地主任管理輔導及訓練服務等業務；**工地主任應加入全國營造業工地主任公會**，全國營造業工地主任公會不得拒絕其加入。營造業聘用工地主任，不必經工地主任公會同意。

關鍵字與法條	條文內容
	第一項工地主任之評定程序、基準及第三項回訓期程、課程、時數、實施方式、管理及相關事項之辦法，由中央主管機關定之。
工地主任應負責辦理工作 【營造業法 #32】	營造業之工地主任應負責辦理下列工作： 一、依施工計畫書執行按圖施工。 二、**按日填報施工日誌。** 三、工地之人員、機具及材料等管理。 四、工地勞工安全衛生事項之督導、公共環境與安全之維護及其他工地行政事務。 五、工地遇緊急異常狀況之通報。 六、其他依法令規定應辦理之事項。 營造業承攬之工程，免依第三十條規定置工地主任者，前項工作，應由專任工程人員或指定專人為之。

（A）1. 依建築師法與營造業法規定，下列敘述何者錯誤？　　　【簡單】
(A) 工地現場施工製造圖及施工計畫書係由建築師事務所製作
(B) 建築師不得兼任營造業之技師
(C) 建築師不得為營造業承攬工程之保證人
(D) 營造業聘用工地主任，不必經工地主任公會同意

（B）2. 取得工地主任執業證者，每逾多少年應再取得回訓證明，始得擔任營造業之工地主任？　　　【適中】
(A) 3　(B) 4　(C) 5　(D) 6

（D）3. 依營造業法之相關規定，下列何者錯誤？　　　【簡單】
(A) 綜合營造業應結合依法具有規劃、設計資格者，始得以統包方式承攬
(B) 營造業負責人不得為其他營造業之負責人、專任工程人員或工地主任
(C) 工地主任每四年應取得回訓證明，始得擔任營造業之工地主任
(D) 營造業之專任工程人員，得為定期契約勞工

（C）4. 有關營造業法工地主任規定之敘述，下列何者錯誤？　　　【適中】
(A) 工地主任應負責按日填報施工日誌
(B) 建築工程管理乙級技術證者亦可能擔任工地主任
(C) 工地主任每六年應回訓，始得繼續擔任工地主任
(D) 工地主任執業證由中央主管建築機關核發

十、營造業法第 29 條

關鍵字與法條	條文內容
進行施工操作或品質控管？ 【營造業法 #29】	技術士應於工地現場依其專長技能及作業規範進行施工操作或品質控管。

題庫練習：

（C）　依營造業法規定，下列何者應於工地現場依其專長技能及作業規範進行施工操作或品質控管？　　　　　　　　　　　　　　【困難】
（A）工地主任　（B）專任工程人員　（C）技術士　（D）監造人

十一、營造業法第 34 條

關鍵字與法條	條文內容
營造業法之相關規定 【營造業法 #34】	1. 營造業之專任工程人員，應為繼續性之從業人員，**不得為定期契約勞工**，並不得兼任其他綜合營造業、專業營造業之業務或職務。但本法第六十六條第四項，不在此限。 2. 營造業負責人知其專任工程人員有違反前項規定之情事者，應通知其專任工程人員限期就兼任工作、業務辦理辭任；屆期未辭任者，應予解任。

題庫練習：

（D）　依營造業法之相關規定，下列何者錯誤？　　　　　　　　　【簡單】
（A）綜合營造業應結合依法具有規劃、設計資格者，始得以統包方式承攬
（B）營造業負責人不得為其他營造業之負責人、專任工程人員或工地主任
（C）工地主任每四年應取得回訓證明，始得擔任營造業之工地主任
（D）營造業之專任工程人員，得為定期契約勞工

十二、營造業法第 35 條

關鍵字與法條	條文內容
專任工程人員應負責辦理之工作 【營造業法 #35】	營造業之專任工程人員應負責辦理下列工作： **一、查核施工計畫書，並於認可後簽名或蓋章。** **二、於開工、竣工報告文件及工程查報表簽名或蓋章。** **三、督察按圖施工、解決施工技術問題。** **四、依工地主任之通報，處理工地緊急異常狀況。** 五、查驗工程時到場說明，並於工程查驗文件簽名或蓋章。 六、營繕工程必須勘驗部分赴現場履勘，並於申報勘驗文件簽名或蓋章。 七、主管機關勘驗工程時，在場說明，並於相關文件簽名或蓋章。 八、其他依法令規定應辦理之事項。

題庫練習：

（D）1. 下列何者非營造業之專任工程人員應負責辦理之工作？　【適中】
(A) 查核施工計畫書，並於認可後簽名或蓋章
(B) 於開工、竣工報告文件及工程查報表簽名或蓋章
(C) 督察按圖施工、解決施工技術問題
(D) 工地遇緊急異常狀況之通報

（C）2. 下列何項非營造業之工地主任應負責辦理的工作？　【簡單】
(A) 依施工計畫書執行按圖施工
(B) 工地之人員、機具及材料等管理
(C) 查驗工程時到場說明，並於工程查驗文件簽名或蓋章
(D) 工地勞工安全衛生事項之督導、公共環境與安全之維護及其他工地行政事務

（B）3. 下列何者不屬於營造業法規定之專任工程人員應負責辦理之工作項目？　【簡單】
(A) 督察按圖施工，解決施工技術問題
(B) 查核工程進度，簽核付款證明
(C) 開工、竣工報告及工程查報表之簽名
(D) 主管機關查驗工程時，到場說明

十三、營造業法第 37 條

關鍵字與法條	條文內容
定作人未於前項通知後及時提出改善計畫者不負損害賠償責任 【營造業法 #37】	1. 營造業之專任工程人員於施工前或施工中應檢視工程圖樣及施工說明書內容，如發現其內容在施工上顯有困難或有公共危險之虞時，應即時向營造業負責人報告。 2. 營造業負責人對前項事項應即告知定作人，並依定作人提出之改善計畫為適當之處理。 3. **定作人未於前項通知後及時提出改善計畫者，如因而造成危險或損害，營造業不負損害賠償責任。**

題庫練習：

（B）　營造業負責人對「於施工前或施工中如發現其內容在施工上顯有困難或有公共危險之虞時」應即告知定作人，並依定作人提出之改善計畫為適當之處理。定作人未於前項通知後及時提出改善計畫者，如因而造成危險或損害，營造業是否須負損害賠償責任？　　　　　　【適中】
　　(A) 必須　　　　　　　　　　　　(B) 不須
　　(C) 依合約規定辦理　　　　　　　(D) 依政府採購法辦理

十四、營造業法第 41 條

關鍵字與法條	條文內容
專任工程人員及工地主任應在現場說明？ 【營造業法 #41】	1. 工程主管或主辦機關於勘驗、查驗或驗收工程時，營造業之專任工程人員及工地主任應在現場說明，並由專任工程人員於**勘驗、查驗或驗收**文件上簽名或蓋章。 2. 未依前項規定辦理者，工程主管或主辦機關對該工程應不予勘驗、查驗或驗收。

題庫練習：

（D）　依營造業法規定，工程主管或主辦機關於辦理下列哪些事項時，營造業之專任工程人員及工地主任應在現場說明？　　　　　　【非常簡單】
　　(A) 申請建造或使用執照　　　　　(B) 設計審查或材料檢查
　　(C) 消防檢查或材料試驗　　　　　(D) 勘驗、查驗或驗收工程

十五、營造業法第 44 條

關鍵字與法條	條文內容
評鑑為第幾級不得承攬？ 【營造業法 #44】	1. 營造業承攬工程，如定作人定有承攬資格者，應受其規定之限制。 2. 依政府採購法辦理之營繕工程，不得交由評鑑為**第三級**之綜合營造業或專業營造業承攬。

題庫練習：

（A）1.　依政府採購法辦理之營繕工程，不得交由評鑑為第幾級之綜合營造業或專業營造業承攬？　　　　　　　　　　　　　　　　　【簡單】

(A) 第三級　　(B) 第二級及第三級　　(C) 第二級　　(D) 第一級

（C）2.　營造業法規定，經營造業評鑑為第幾級之綜合營造業不得承攬依政府採購法辦理之營繕工程？　　　　　　　　　　　　　　　【簡單】

(A) 第一級　　(B) 第二級　　(C) 第三級　　(D) 第四級

十六、營造業法第 51 條

關鍵字與法條	條文內容
1. **哪些項目得降低百分之五十以下？** 　押標金、工程保證金或工程保留款 2. 工程 預付 款，增加１０％。 【營造業法 #51】	1. 依第四十三條規定評鑑為第一級之營造業，經主管機關或經中央主管機關認可之相關機關（構）辦理複評合格者，為優良營造業；並為促使其健全發展，以提升技術水準，加速產業升級，應依下列方式獎勵之： 一、頒發獎狀或獎牌，予以公開表揚。 二、**承攬政府工程時，押標金、工程保證金或工程保留款，得降低 50% 以下；申領工程預付款，增加 10%。** 2. 前項辦理複評機關（構）之資格條件、認可程序、複評程序、複評基準及相關事項之辦法，由中央主管機關定之。

題庫練習：

（A）1.　依營造業法規定，評鑑為第一級之優良營造業，承攬政府工程時，哪些項目得降低百分之五十以下？①押標金②工程保證金③工程保留款④工程保固金　　　　　　　　　　　　　　　　　　　　　　【適中】

(A) ①②③　　(B) ②③④　　(C) ①②④　　(D) ①③④

（A）2. 依營造業法規定評鑑為優良營造業者，於承攬政府工程時申領工程預付款，最多得增加多少％？　　　　　　　　　　　　　【適中】

(A) 10　(B) 15　(C) 20　(D) 25

（D）3. 依營造業法規定評鑑為優 營造業者，於承攬政府工程時，押標金、工程保證金或工程保留款，至多得降低多少％以下？　　　　　　【簡單】

(A) 20　(B) 30　(C) 40　(D) 50

十七、營造業法第 52、53、54、55 條

關鍵字與法條	條文內容
未經許可或經撤銷、廢止許可而經營營造業業務者 【營造業法 #52】	未經許可或經撤銷、廢止許可而經營營造業業務者，勒令其停業，並處新臺幣一百萬元以上一千萬元以下罰鍰；其不遵從而繼續營業者，得連續處罰。
情節重大者 【營造業法 #53】	技術士違反第二十九條規定情節重大者，予以**三個月以上二年以下**停止執行營造業業務之處分。
營造業登記證書交由他人使用經營營造業務者 【營造業法 #54】	1. 營造業有下列情事之一者，處新臺幣**一百萬元以上五百萬元以下罰鍰**，並廢止其許可： 　**一、使用他人之營造業登記證書或承攬工程手冊經營營造業業務者。** 　**二、將營造業登記證書或承攬工程手冊交由他人使用經營營造業業務者。** 　**三、停業期間再行承攬工程者。** 2. 前項營造業自廢止許可之日起五年內，其負責人不得重新申請營造業登記
營造業未加入公會而經營營造業業務者 【營造業法 #55】	1. 營造業有下列情事之一者，處新臺幣**十萬元以上五十萬元以下罰鍰**： 　一、經許可後未領得營造業登記證或承攬工程手冊而經營營造業業務者。 　**二、未加入公會而經營營造業業務者。** 　三、未依第十七條第一項規定，申請複查或拒絕、妨礙或規避抽查者。 　四、自行停業、受停業處分、復業或歇業時，未依第二十條規定辦理者。 2. 營造業有前項第一款或第二款情事者，並得勒令停業及通知限期補辦手續，屆期不補辦而繼續營業者，得按次連續處罰。有前項第四款情事，經主管機關通知限期補辦手續，屆期不辦者，得按次連續處罰。

題庫練習：

（A）1. 有關營造業法之敘述，下列何者正確？　　　　　　　　　　【困難】
　　　(A) 未經許可而經營營造業業務者，勒令其停業，並處新臺幣 100 萬元
　　　　　以上 1,000 萬元以下罰鍰
　　　(B) 技術士於工地現場未依作業規範施作情節重大者，予以半年以上 2
　　　　　年以下停止執行營造業業務
　　　(C) 將營造業登記證書交由他人使用經營營造業務者，處新臺幣 100 萬
　　　　　元以上 1,000 萬元以下罰鍰
　　　(D) 營造業未加入公會而經營營造業業務者，處新臺幣 10 萬元以上
　　　　　100 萬元以下罰鍰

（A）2. 營造業有下列情事之一者，處新臺幣 100 萬元以上 500 萬元以下罰鍰，
　　　並廢止其許可，下列何者錯誤？　　　　　　　　　　　　　　【適中】
　　　(A) 經許可後未領得營造業登記證或承攬工程手冊而經營營造業業務者
　　　(B) 使用他人之營造業登記證書或承攬工程手冊經營營造業業務者
　　　(C) 將營造業登記證書或承攬工程手冊交由他人使用經營營造業業務者
　　　(D) 停業期間再行承攬工程者

十八、營造業承攬工程造價限額工程規模範圍申報淨值及一定期 間承攬總額認定辦法第 4、5 條

關鍵字與法條	條文內容
營造業承攬工程承攬造價限額與工程規模範圍 【營造業承攬工程造價限額工程規模範圍申報淨值及一定期間承攬總額認定辦法 #4】	丙等綜合營造業承攬造價限額為**新臺幣 2700 萬元**，其工程規模範圍應符合下列各款規定： 一、**建築物高度 21 公尺以下。** 二、建築物地下室開挖六公尺以下。 三、橋樑柱跨距十五公尺以下。 乙等綜合營造業承攬造價限額為**新臺幣 9000 萬元**，其工程規模應符合下列各款規定： 一、**建築物高度 36 公尺以下。** 二、建築物地下室**開挖九公尺以下。** 三、橋樑柱跨距二十五公尺以下。 甲等綜合營造業承攬造價限額為其**資本額之 10 倍**，其工程規模不受限制。

關鍵字與法條	條文內容
營造業承攬工程承攬造價限額與工程規模範圍 【營造業承攬工程造價限額工程規模範圍申報淨值及一定期間承攬總額認定辦法 #5】	專業營造業承攬造價限額為其**資本額之10倍**，其工程規模不受限制。

題庫練習：

（A）1. 有關營造業承攬工程承攬造價限額與工程規模範圍，下列敘述何者正確？　　　　　　　　　　　　　　　　　　　　　　【適中】
(A) 甲等綜合營造業承攬造價限額為其資本額之 10 倍，其工程規模不受限制
(B) 乙等綜合營造業承攬造價限額為新臺幣 7500 萬元，其工程規模為建築物高度 60 公尺以下
(C) 丙等綜合營造業承攬造價限額為新臺幣 2700 萬元，其工程規模為建築物高度 36 公尺以下
(D) 專業營造業承攬造價限額為其資本額之 20 倍，其工程規模不受限制

（C）2. 丙等綜合營造業承攬工程規模在建築物高度之限制，最高為多少公尺以下？　　　　　　　　　　　　　　　　　　　　【適中】
(A) 12　(B) 15　(C) 21　(D) 36

（D）3. 乙等綜合營造業承攬工程除造價限額外，其建築物高度之限制為何？　　　　　　　　　　　　　　　　　　　　　　　【適中】
(A) 5 樓以下　(B) 21 m 以下　(C) 12 樓以下　(D) 36 m 以下

（C）4. 有關營造業承攬工程規模範圍之敘述，下列何者錯誤？　　【適中】
(A) 丙等綜合營造業可承攬高度 21 公尺以下，地下室開挖 6 公尺以下之建築物
(B) 乙等綜合營造業可承攬高度 36 公尺以下，地下室開挖 9 公尺以下之建築物
(C) 甲等綜合營造業承攬造價限額為其資本額之 20 倍
(D) 專業營造業承攬造價限額為其資本額之 10 倍

十九、營造業法施行細則第 18 條

關鍵字與法條	條文內容
工地主任工程金額 5000 萬 高 36M 工程 挖 10M 工程 橋 25M 工程 【營造業法施行細則 #18】	本法第三十條所定**應置工地主任**之工程金額或規模如下： 一、承攬金額新臺幣五千萬元以上之工程。 二、**建築物高度三十六公尺以上之工程。** 三、**建築物地下室開挖十公尺以上之工程。** 四、橋樑柱跨距二十五公尺以上之工程

題庫練習：

（C）1. 營造業法第 30 條所定應置工地主任之工程金額或規模之敘述，下列何者正確？　【適中】
(A) 承攬金額新臺幣 1 千萬元以上之工程
(B) 建築物高度 20 公尺以上之工程
(C) 建築物地下室開挖 10 公尺以上之工程
(D) 橋樑柱跨距 20 公尺以上之工程

（A）2. 依營造業法之相關規定，下列何種營造工程依法應於工地設置工地主任？　【適中】
(A) 建築物高度 36 m
(B) 建築物總樓地板面積 5,000 m²
(C) 建築物為公眾使用建築物
(D) 建築物地下室開挖深度 8 m

（B）3. 下列何種工程條件，依法可免設工地主任？　【簡單】
(A) 承攬工程金額新臺幣 8,000 萬元
(B) 建築物高度 21 公尺
(C) 地下室開挖 12 公尺
(D) 柱跨距 30 公尺之橋樑

（C）4. 依營造業法規之規定，應置工地主任之工程金額或規模之敘述，下列何者錯誤？　【簡單】
(A) 承攬金額新臺幣 5 千萬元以上之工程
(B) 建築物高度 36 公尺以上之工程
(C) 建築物地下室開挖 5 公尺以上之工程
(D) 橋樑柱跨距 25 公尺以上之工程

二十、營造業法施行細則第 4、6 條

關鍵字與法條	條文內容
綜合營造業之資本額， 甲 2250 萬元以上； 乙 1200 萬元以上； 丙 360 萬元以上。 【營造業法施行細則 #4】	本法第七條第一項第二款所定綜合營造業之資本額， 於甲等綜合營造業為新臺幣 2250 萬元以上； 乙等綜合營造業為新臺幣 1200 萬元以上； 丙等綜合營造業為新臺幣 360 萬元以上。
土木包工業 100 萬元以上 【營造業法施行細則 #6】	本法第十條第二項所定土木包工業之資本額為新臺幣 100 萬元以上。

題庫練習：

（A）	依營造業法及其施行細則有關資本額之規定，下列何者錯誤？ 【適中】 (A) 甲等綜合營造業為新臺幣 3600 萬元以上 (B) 乙等綜合營造業為新臺幣 1200 萬元以上 (C) 丙等綜合營造業為新臺幣 360 萬元以上 (D) 土木包工業為新臺幣 100 萬元以上

二十一、營造業法第 6 條

關鍵字與法條	條文內容
營造業分為哪三類？ 【營造業法 #6】	營造業分 綜 合營造業、 專業 營造業及 土 木包工業。

題庫練習：

（A）	營造業法將營造業分為哪三類？ 【簡單】 (A) 綜合營造業、專業營造業、土木包工業 (B) 綜合營造業、土木包工業、零星包工業 (C) 建築營造業、土木水利營造業、室內裝修業 (D) 甲級營造業、乙級營造業、丙級營造業

二十二、優良營造業複評及獎勵辦法第 5 條

關鍵字與法條	條文內容
不得複評為優良營造業 【優良營造業複評及獎勵辦法 #5】	營造業有下列各款情形之一者，不得複評為優良營造業： 一、**違反建築法、都市計畫法**或**區域計畫法**受處分者。 二、違反本法規定，被處新臺幣一百萬元以上罰鍰者，或被處以三個月以上停業處分、經撤銷或廢止登記者。 三、違反環境保護法規情節重大者。 四、在工作場所發生勞工死亡職業災害或一次罹災人數逾三人者；但勞動檢查機構判定為營造業未違反勞工安全衛生法規者，不在此限。 五、綜合營造業承攬之營繕工程或專業工程項目，轉交由專業營造業承攬，該專業營造業因該受轉交工程而有第三款或前款情事之一者。 營造業有違反稅務或關務法規受罰鍰處分或刑事判決確定者，三年內不得複評為優良營造業。但應處罰鍰之行為，其情節輕微，或漏稅在一定金額以下，符合稅務違章案件減免處罰標準或海關緝私條例第四十五條之一規定之免罰案件者，不在此限。 營造業有違反政府採購法第一百零一條，並經機關依同法一百零二條規定刊登於政府採購公報者，三年內不得複評為優良營造業。

題庫練習：

（B）	依優良營造業複評及獎勵辦法規定，不得複評為優良營造業者不包含下列何者？　　　　　　　　　　　　　　　　　　　【適中】 (A) 違反建築法受處分者　　　(B) 違反公平交易法受處分者 (C) 違反都市計畫法受處分者　(D) 違反區域計畫法受處分者

第七章 政府採購法

一、機關委託技術服務廠商評選及計費辦法第 3 條、政府採購法第 7 條

關鍵字與法條	條文內容
自然人【機關委託技術服務廠商評選及計費辦法 #3】	本辦法所稱技術服務，指工程技術顧問公司、技師事務所、建築師事務所及其他依法令規定得提供技術性服務之自然人或法人所提供與技術有關之可行性研究、規劃、設計、監造、專案管理或其他服務。 前項技術服務，依法令應由專門職業及技術人員或法定機構提供者，不得由其他人員或機構提供。
技術服務之敘述【政府採購法 #7】	1. 本法所稱工程，指在地面上下新建、增建、改建、修建、拆除構造物與其所屬設備及改變自然環境之行為，包括建築、土木、水利、環境、交通、機械、電氣、化工及其他經主管機關認定之工程。 2. 本法所稱**財物**，指各種物品（**生鮮農漁產品除外**）、材料、設備、機具與其他**動產**、**不動產**、**權利**及其他經主管機關認定之財物。 3. 本法所稱**勞務**，指專業服務、技術服務、資訊服務、研究發展、營運管理、維修、訓練、勞力及其他經主管機關認定之勞務。 4. 採購兼有工程、財物、勞務二種以上性質，難以認定其歸屬者，按其性質所占預算金額比率最高者歸屬之。

題庫練習：

（B）1. 有關機關委託技術服務廠商評選及計費辦法，對於技術服務之敘述，下列何者錯誤？　　　　　　　　　　　　　　　　　　【適中】
(A) 工程技術顧問公司可提供技術相關之可行性研究、規劃、設計、監造、專案管理服務
(B) 建築師事務所是提供與技術有關服務之法人
(C) 技師事務所可提供規劃、設計、監造服務
(D) 技術服務依法令應由專門職業及技術人員或法定機構提供者，不得由其他人員或機構提供

（A）2. 建築師參與某公立學校規劃設計之甄選，屬於「政府採購法」中的何種採購？　　　　　　　　　　　　　　　　　　　　　【簡單】

(A) 勞務採購　(B) 工程採購　(C) 財物採購　(D) 技術採購

（C）3. 採購當兼有工程、財物、勞務中二種以上性質，難以認定其歸屬時，下列認定的方法，何者為正確？　　　　　　　　　　　　【簡單】

(A) 以財物、工程、勞務之優先順序認定

(B) 以工程、勞務、財物之優先順序認定

(C) 以採購性質所占預算金額比率最高者認定

(D) 以主管採購機關自行判斷決定

（D）4. 依據政府採購法，下列何者不屬於勞務服務？　　　　　　【簡單】

(A) 技術服務　(B) 研究發展　(C) 資訊服務　(D) 施工服務

（D）5. 有關政府採購法第 7 條詳述工程、財物及勞務採購定義之敘述，下列何者錯誤？　　　　　　　　　　　　　　　　　　　　　【簡單】

(A) 財物採購指各種物品、材料、設備、機具與其他動產、不動產、權利及其他經主管機關認定之財物採購

(B) 勞務採購指專業服務、技術服務、資訊服務、研究發展及其他經主管機關認定之勞務採購

(C) 工程採購指地面上下構造物與其所屬設備及改變自然環境之建築行為，泛指建築土木、水利環境、交通等工程之採購

(D) 採購兼有工程、財物、勞務二種以上性質，難以認定其歸屬者，概以統包方式採購

（C）6. 建築師受委託辦理公共工程之規劃設計監造，係屬「政府採購法」所稱之何種採購？　　　　　　　　　　　　　　　　　【非常簡單】

(A) 工程　(B) 財物　(C) 勞務　(D) 技術

（C）7. 建築師參與機關公開徵求設計競圖作業，乃依據政府採購法第 7 條規定辦理。此類採購之性質，屬下列何者？　　　　　　　　　【簡單】

(A) 工程　　　　　　　　　　　　(B) 兼具工程與勞務

(C) 勞務　　　　　　　　　　　　(D) 兼具工程、財物、勞務三種

（A）8. 依政府採購法，下列何者不屬於「財物」之認定？　　　　【適中】

(A) 農漁產品　(B) 材料、設備　(C) 權利　(D) 動產、不動產

二、政府採購法第 15、18 條

關鍵字與法條	條文內容
不得參與該機關之採購之人員 【政府採購法#15】	1. 機關承辦、監辦採購人員離職後三年內不得為本人或代理廠商向原任職機關接洽處理離職前五年內與職務有關之事務。 2. **機關人員對於與採購有關之事項，涉及本人、配偶、二親等以內親屬，或共同生活家屬之利益時，應行迴避。** 3. 機關首長發現前項人員有應行迴避之情事而未依規定迴避者，應令其迴避，並另行指定人員辦理。
1. 採購之招標方式 2. 限制性招標 【政府採購法#18】	1. 採購之招標方式，分為公開招標、選擇性招標及限制性招標。 2. 本法所稱公開招標，指以公告方式邀請不特定廠商投標。 3. 本法所稱**選擇性招標，指以公告方式預先依一定資格條件辦理廠商資格審查後，再行邀請符合資格之廠商投標。** 4. 本法所稱**限制性招標，指不經公告程序，邀請二家以上廠商比價或僅邀請一家廠商議價。**

題庫練習：

（D）1. 建築師經公開客觀評選為優勝者之後得以進入議價程序，這樣的招標方式屬於「政府採購法」中的哪一種招標？ 【適中】
(A) 公開招標　(B) 選擇性招標　(C) 合理性招標　(D) 限制性招標

（B）2. 下列何種招標不是政府採購法規定之招標方式？ 【非常簡單】
(A) 限制性招標　(B) 審議性招標　(C) 公開招標　(D) 選擇性招標

（D）3. 有關選擇性招標之敘述，下列何者正確？ 【適中】
(A) 不經公告程序，邀請二家以上廠商比價
(B) 以公告方式邀請不特定廠商投標
(C) 不經公告程序，預先依條件審查廠商資格，再邀請符合者投標
(D) 以公告方式預先依條件審查廠商資格，再邀請符合者投標

（B）4. 建築師參加評選獲得第一名後尚須經過議價程序方得以完成決標，這是出自下列何者之規定？ 【適中】
(A) 選擇性招標　(B) 限制性招標　(C) 公開招標　(D) 最合理

（C）5. 依政府採購法之相關規定，下列何者錯誤？ 【簡單】
(A) 本法所稱選擇性招標，指以公告方式預先依一定資格條件辦理廠商資格審查後，再行邀請符合資格之廠商投標
(B) 本法所稱限制性招標，乃指不經公告程序，直接邀請二家以上廠商比價或僅邀請一家廠商進行議價

> (C) 政府採購之招標方式分為公開招標、選擇性招標及限制性招標等三種，其開標、比價或議價前，一律應先訂定底價
> (D) 本法所稱公開招標，指以公告方式邀請不特定廠商進行投標

三、政府採購法第 22 條

關鍵字與法條	條文內容
得採限制性招標 【政府採購法#22】	1. 機關辦理公告金額以上之採購，符合下列情形之一者，得採限制性招標： 一、以公開招標、選擇性招標或依第九款至第十一款公告程序辦理結果，無廠商投標或無合格標，且以原定招標內容及條件未經重大改變者。 二、屬專屬權利、獨家製造或供應、藝術品、秘密諮詢，無其他合適之替代標的者。 三、遇有不可預見之緊急事故，致無法以公開或選擇性招標程序適時辦理，且確有必要者。 四、原有採購之後續維修、零配件供應、更換或擴充，因相容或互通性之需要，必須向原供應廠商採購者。 五、屬原型或首次製造、供應之標的，以研究發展、實驗或開發性質辦理者。 六、在原招標目的範圍內，因未能預見之情形，必須追加契約以外之工程，如另行招標，確有產生重大不便及技術或經濟上困難之虞，非洽原訂約廠商辦理，不能達契約之目的，且未逾原主契約金額百分之五十者。 七、原有採購之後續擴充，且已於原招標公告及招標文件敘明擴充之期間、金額或數量者。 八、在集中交易或公開競價市場採購財物。 九、委託專業服務、技術服務、資訊服務或社會福利服務，經公開客觀評選為優勝者。 十、辦理設計競賽，經公開客觀評選為優勝者。 十一、因業務需要，指定地區採購房地產，經依所需條件公開徵求勘選認定適合需要者。 十二、購買身心障礙者、原住民或受刑人個人、身心障礙福利機構或團體、政府立案之原住民團體、監獄工場、慈善機構及庇護工場所提供之非營利產品或勞務。 十三、委託在專業領域具領先地位之自然人或經公告審查優勝之學術或非營利機構進行科技、技術引進、行政或學術研究發展。

關鍵字與法條	條文內容
	十四、邀請或委託具專業素養、特質或經公告審查優勝之文化、藝術專業人士、機構或團體表演或參與文藝活動或提供文化創意服務。 十五、公營事業為商業性轉售或用於製造產品、提供服務以供轉售目的所為之採購，基於轉售對象、製程或供應源之特性或實際需要，不適宜以公開招標或選擇性招標方式辦理者。 十六、其他經主管機關認定者。 2. 前項第九款專業服務、技術服務、資訊服務及第十款之廠商評選辦法與服務費用計算方式與第十一款、第十三款及第十四款之作業辦法，由主管機關定之。 3. 第一項第九款社會福利服務之廠商評選辦法與服務費用計算方式，由主管機關會同中央目的事業主管機關定之。 4. 第一項第十三款及第十四款，不適用工程採購。

題庫練習：

（D）1. 依政府採購法第 22 條，機關辦理公告金額以上之採購，符合一定情形者，得採限制性招標，但不包括下列何者？　　　　　　【適中】
　　　(A) 以公開方式招標結果，無廠商投標或無合格標，且以原定招標內容及條件未經重大改變者
　　　(B) 屬專屬權利、獨家製造或供應、藝術品、秘密諮詢，無其他合適之替代標的者
　　　(C) 在集中交易或公開競價市場採購財物
　　　(D) 經機關首長依一定程序進行考察評估後，認定符合機關利益之廠商

（C）2. 機關辦理公告金額以上之採購，得採限制性招標的情形，下列何者不符？　　　　　　　　　　　　　　　　　　　　　　　　【非常簡單】
　　　(A) 原採購之後續維修，因相容或互通之需要，必須向原供應廠商採購者
　　　(B) 屬原型或首次製造，供應之標的，以研究發展實驗或開發性質辦理者
　　　(C) 辦理設計競賽，非經公開評審為優勝者
　　　(D) 屬專屬權利，獨家製造或供應藝術品，秘密諮詢，無其他合適之替代標的者

（B）3. 依據政府採購法第 22 條機關辦理公告金額以上之採購，得採限制性招標之敘述，下列何者錯誤？　　　　　　　　　　　　　　【適中】
　　　(A) 辦理設計競圖，經公開客觀評選為優勝者

(B) 原招標目的範圍內必須追加契約以外之工程，如另行招標，確有技術上困難，非洽原發包訂約廠商辦理，不能達契約目的，且追加未逾原主契約金額百分之三十者

(C) 多次公告開標，無廠商投標或無合格標，且以原定招標內容條件未經重大改變者

(D) 遇有不可預見之緊急事故，致無法以公開或選擇性招標程序適時辦理，且確有必要者

（C）4. 某公立大學依照政府採購法第 22 條之規定，擬徵求專案管理技術服務，在下列哪一條件下得採限制性招標？　　　　　　　　　【適中】

(A) 服務費為 100 萬元以下　　　　(B) 經教育部核定

(C) 經公開評選　　　　　　　　　(D) 委託原住民團體

（C）5. 依政府採購法之相關規定，下列何者錯誤？　　　　　　　　　【簡單】

(A) 本法所稱選擇性招標，指以公告方式預先依一定資格條件辦理廠商資格審查後，再行邀請符合資格之廠商投標

(B) 本法所稱**限制性招標**，乃指不經公告程序，直接邀請二家以上廠商比價或僅邀請一家廠商進行議價

(C) 政府採購之招標方式分為公開招標、選擇性招標及限制性招標等三種，其開標、比價或議價前，一律應先訂定底價

(D) 本法所稱公開招標，指以公告方式邀請不特定廠商進行投標

（B）6. 依政府採購法規定，機關辦理公告金額以上委託技術服務採購，經公開客觀評選為優勝者，得採何種方式招標？　　　　　　　　　【簡單】

(A) 公開招標　(B) 限制性招標　(C) 選擇性招標　(D) 合理性招標

四、政府採購法第 24 條

關鍵字與法條	條文內容
統包 【政府採購法#24】	1. 機關基於**效率**及**品質**之要求，得以統包辦理招標。 2. 前項所稱統包，指將工程或財物採購中之**設計與施工、供應、安裝**或一定期間之維修等併於同一採購契約辦理招標。**統包實施辦法**，由主管機關定之。

題庫練習：

（B）1. 政府採購法所稱之統包，指將工程或財物採購中那些項目，併於同一採購契約辦理招標？　　　　　　　　　【簡單】

　　　(A) 設計與監造　　　　　　　(B) 設計與施工、供應、安裝

　　　(C) 施工與維修　　　　　　　(D) 監造與施工

(D) 2. 下列何者屬辦理統包之主要目的？①效率②品質③促進異業結合④產
　　　業國際化　　　　　　　　　　　　　　　　　　　　【簡單】

　　　(A) ①③　　(B) ②④　　(C) ③④　　(D) ①②

(C) 3. 基於工程特性，將工程規劃、設計、施工及安裝等部分或全部合併辦
　　　理招標係指下列何者？　　　　　　　　　　　　　　【簡單】

　　　(A) OT　　(B) BOT　　(C) 統包　　(D) 聯合招標

(D) 4. 依照政府採購法第 24 條之規定，以統包方式辦理招標，下列何者不得
　　　由得標廠商辦理？　　　　　　　　　　　　　　　【非常簡單】

　　　(A) 設計　　(B) 施工　　(C) 安裝設備　　(D) 監造

五、政府採購法第 73 條

關鍵字與法條	條文內容
簽認 【政府採購法#73】	工程、財物採購經驗收完畢後，應由**驗收及監驗人員於結算驗收證明書上分別簽認**。前項規定，於勞務驗收準用之。

題庫練習：

(A) 1. 依政府採購法規定，有關政府工程採購驗收，下列敘述何者錯誤？
　　　　　　　　　　　　　　　　　　　　　　　　　　【簡單】

　　　(A) 採購之主驗人為承辦採購單位之主辦人員

　　　(B) 驗收人對隱蔽部分，於必要時得拆驗或化驗

　　　(C) 機關辦理工程採購，應限期辦理驗收

　　　(D) 驗收完畢後，應由驗收及監驗人員於結算驗收證明書上分別簽認

(A) 2. 機關辦理驗收，如驗收結果與規定不符，但不妨礙安全及使用需求，
　　　亦無減少通常效用或契約預定效用時，機關得採取下列何種措施完成
　　　驗收？　　　　　　　　　　　　　　　　　　　　【簡單】

　　　(A) 減價收受　　(B) 延長保固期　　(C) 沒收保證金　　(D) 記點扣款

(B) 3. 有關政府採購法之法條敘述，下列何者正確？　　　　【適中】

　　　(A) 採購異議申訴審議委員會委員組成，由主管機關及直轄市、縣（市）
　　　　　政府聘請社會賢達之公正人士擔任

　　　(B) 履約爭議調解屬廠商申請者，機關不得拒絕；爭議經採購申訴審議
　　　　　委員會提出調解建議或調解方案，因機關不同意致調解不成立者，
　　　　　廠商提付仲裁，機關不得拒絕

(C) 在查核金額以上之採購，其驗收結果與規定不符，而不妨礙安全及使用需求，經機關檢討不必拆換者，得減價收受，且隨後向上級機關報備之

(D) 機關辦理查核金額以上採購作業，應報請上級機關派員監辦。前述查核金額就勞務採購規定為新臺幣一百萬元

（C）4. 有關政府採購法之法條敘述，下列何者錯誤？　　　　　　【適中】

(A) 採購申訴審議委員會辦理調解之程序及其效力，除政府採購法有特別規定者外，準用民事訴訟法有關調解之規定

(B) 政府採購法所稱廠商，指具備能力滿足供應各類採購之公司、合夥或獨資之工商行號及自然人、法人、機構或團體

(C) 採購申訴審議委員會委員組成，由主管機關及直轄市、縣（市）政府聘請社會賢達之公正人士擔任

(D) 工程驗收結果不符之部分非屬重要，而其他部分能先行使用，並經檢討確有先行使用之必要者，得經機關首長核准，就其他部分辦理驗收並支付部分價金

六、政府採購法第 101、103 條

關鍵字與法條	條文內容
將刊登政府採購公報之情形 【政府採購法 #101】	1. 機關辦理採購，發現廠商有下列情形之一，應將其事實、理由及依第一百零三條第一項所定期間通知廠商，並附記如未提出異議者，將刊登政府採購公報： 一、容許他人借用本人名義或證件參加投標者。 **二、借用或冒用他人名義或證件投標者。** **三、擅自減省工料，情節重大者。** 四、以虛偽不實之文件投標、訂約或履約，情節重大者。 **五、受停業處分期間仍參加投標者。** 六、犯第八十七條至第九十二條之罪，經第一審為有罪判決者。 七、得標後無正當理由而不訂約者。 **八、查驗或驗收不合格，情節重大者。** **九、驗收後不履行保固責任，情節重大者。** **十、因可歸責於廠商之事由，致延誤履約期限，情節重大者。** 十一、違反第六十五條規定轉包者。 十二、因可歸責於廠商之事由，致解除或終止契約，情節重大者。 十三、破產程序中之廠商。 十四、歧視性別、原住民、身心障礙或弱勢團體人士，情節重大者。

關鍵字與法條	條文內容
	十五、對採購有關人員行求、期約或交付不正利益者。 2. 廠商之履約連帶保證廠商經機關通知履行連帶保證責任者，適用前項規定。 3. 機關為第一項通知前，應給予廠商口頭或書面陳述意見之機會，機關並應成立採購工作及審查小組認定廠商是否該當第一項各款情形之一。 4. 機關審酌第一項所定情節重大，應考量機關所受損害之輕重、廠商可歸責之程度、廠商之實際補救或賠償措施等情形。
參加投標或作為決標對象或分包廠商？ 【政府採購法#103】	依前條第三項規定刊登於政府採購公報之廠商，於下列期間內，**不得參加投標或作為決標對象或分包廠商：** 一、有**第一百零一條第一項第一款至第五款、第十五款情形或第六款判處有期徒刑者，自刊登之次日起三年**。但經判決撤銷原處分或無罪確定者，應註銷之。 二、**有第一百零一條第一項第十三款、第十四款情形或第六款判處拘役、罰金或緩刑者，自刊登之次日起一年**。但經判決撤銷原處分或無罪確定者，應註銷之。 三、有第一百零一條第一項第七款至第十二款情形者，於通知日起前五年內未被任一機關刊登者，自刊登之次日起三個月；已被任一機關刊登一次者，自刊登之次日起六個月；已被任一機關刊登累計二次以上者，自刊登之次日起一年。但經判決撤銷原處分者，應註銷之。

題庫練習：

（C）1. 依政府採購法第 101 條規定，機關辦理採購業務時，應將查得之事實及理由通知廠商並刊登政府採購公報之情形，不包括下列何者？【適中】

(A) 受停業處分期間仍參加投標者

(B) 擅自減省工料情節重大者

(C) 違反專利法者

(D) 因可歸責於廠商之事由，致延誤履約期限，情節重大者

（A）2. 依政府採購法規定，廠商有下列何種違法或重大違約的情形，於依規定刊登於政府採購公報之次日起 3 年內，該廠商不得參加投標或作為決標對象或分包廠商？ 【適中】

(A) 擅自減省工料情節重大者

(B) 查驗或驗收不合格，情節重大者

(C) 驗收後不履行保固責任者

(D) 因可歸責於廠商之事由，致延誤履約期限，情節重大者

（B）3. 依政府採購法規定，廠商於驗收後不履行保固責任者，並依規定刊登於政府採購公報之廠商，不得於下列期間內參加投標或作為決標對象或分包廠商？　　　　　　　　　　　　　　　　　　　　【適中】

(A) 6 個月　(B) 1 年　(C) 2 年　(D) 3 年

（C）4. 依政府採購法規定，借用或冒用他人名義或證件，或以偽造、變造之文件參加投標、訂約或履約者被刊登於政府採購公報之廠商，至少於幾年內不得參加投標或作為決標對象或分包廠商？　　　　　　【簡單】

(A) 0.5　(B) 1　(C) 3　(D) 5

七、機關委託技術服務廠商評選及計費辦法第 26 條

關鍵字與法條	條文內容
服務費用採建造費用百分比法計 算時，若涉及測量、地質調查、水文氣象調查者 【機關委託技術服務廠商評選及計費辦法 #26】	1. 機關委託廠商辦理技術服務，**服務費用採服務成本加公費法**者，其服務費用，得包括下列各款費用： 一、直接費用： （一）直接薪資：包括直接從事委辦案件工作之建築師、技師、工程師、規劃、經濟、財務、法律、管理或營運等各種專家及其他工作人員之實際薪資，另加實際薪資之一定比率作為工作人員不扣薪假與特別休假之薪資費用；非經常性給與之獎金；及依法應由雇主負擔之勞工保險費、積欠工資墊償基金提繳費、全民健康保險費、勞工退休金。 （二）管理費用：包括未在直接薪資項下開支之管理及會計人員之薪資、保險費及退休金、辦公室費用、水電及冷暖氣費用、機器設備及傢俱等之折舊或租金、辦公事務費、機器設備之搬運費、郵電費、業務承攬費、廣告費、準備及結束工作所需費用、參加國內外職業及技術會議費用、業務及人力發展費用、研究費用或專業聯繫費用及有關之稅捐等。但全部管理費用不得超過直接薪資扣除非經常性給　與之獎金後之百分之一百。 （三）其他直接費用：包括執行委辦案件工作時所需直接薪資以外之各項直接費用。如差旅費、工地津貼、加班費、專業責任保險費、專案或工地辦公室及工地試驗室設置費、工地車輛費用、資料收集費、專利費、操作及維護人員之代訓費、電腦軟體製作費或使用費、測量、探查及試驗費或圖表報告之複製印刷費、外聘專家顧問報酬及有關之各項稅捐、會計師簽證費用等。

關鍵字與法條	條文內容
	二、**公費**：指廠商提供技術服務所得之報酬，包括風險、利潤及有關之稅捐等。 三、營業稅。 2. 前項第一款第一目工作人員不扣薪假與特別休假之薪資費用，得由機關依實際需要於招標文件明定為實際薪資之一定比率及給付條件，免檢據核銷。但不得超過實際薪之百分之十六。 3. 第一項第一款第一目非經常性給與之獎金，得由機關依實際需要於招標文件明定為實際薪資之一定比率及給付條件，檢據核銷。但不得超過實際薪資之百分之三十。 4. 第一項第一款第一目依法應由雇主負擔之勞工保險費、積欠工資墊償基金提繳費、全民健康保險費、勞工退休金，由機關核實給付。 5. 第一項第二款**公費，應為定額，不得按直接薪資及管理費之金額依一定比率增加**，且全部公費不得超過直接薪資扣除非經常性給與之獎金後與管理費用合計金額之百分之二十五。

題庫練習：

（C）1. 依政府採購法及其相關子法規定，機關委託廠商辦理技術服務，其服務費用採建造費用百分比法計算時，若涉及測量、地質調查、水文氣象調查者，其費用由機關依個案特性及實際需要另行估算，並得按下列何種方式計算？　　　　　　　　　　　　　　　　　【適中】

(A) 廠商報價法　　　　　　　　(B) 建造費用百分比法
(C) 服務成本加公費法　　　　　(D) 歷史價位法

（B）2. 依機關委託技術服務廠商評選及計費辦法附表一，下列何者應另行計費？　　　　　　　　　　　　　　　　　　　　　　　　　　　【簡單】

(A) 驗收之協辦
(B) 申請公有建築物候選智慧建築證書或智慧建築標章
(C) 重要分包廠商及設備製造商資格之審查
(D) 營建剩餘土石方處理方案之建議

（A）3. 機關委託技術服務廠商評選及計費辦法所謂服務成本加公費法中，公費是指下列何者？　　　　　　　　　　　　　　　　　　　　【困難】

(A) 廠商所得之報酬　　　　　　(B) 行政規費
(C) 測量及鑽探費　　　　　　　(D) 差旅公務費用

（C）4. 機關委託廠商辦理技術服務採服務成本加公費法者，其服務費用計算所包含的內容，下列何者錯誤？　　　　　　　　　　　　　　　　【困難】

(A) 服務成本加公費法含直接費用、公費及營業稅

(B) 直接費用含直接薪資、管理費用及其他直接費用

(C) 公費按直接薪資及管理費之金額依一定比率調整

(D) 其他直接費包含執行委辦案件工作時所外聘專家顧問報酬及有關之各項稅捐

八、政府採購法第 36-4 條

關鍵字與法條	條文內容
採購金額認定	**巨額金額＞查核金額＞公告金額** (1) 公告金額：工程、財物、勞務等採購，均為新臺幣 150 萬元。 (2) 查核金額：工程採購（5000 萬）、財務採購（5000 萬）、勞務採購（1000 萬）。 (3) **巨額金額**：工程採購（2 億）、財務採購（1 億）、勞務採購（2000 萬）。（投標廠商資格與特殊或巨額採購認定標準 #8）

題庫練習：

（A）1. 有關巨額採購金額之敘述，下列何者正確？　　　　　　　　【適中】

①工程採購，為新臺幣 2 億元以上②工程採購，為新臺幣 1 億元以上③勞務採購，為新臺幣 2000 萬元以上④勞務採購，為新臺幣 5000 萬元以上

(A) ①③　　(B) ①④　　(C) ②③　　(D) ②④

（A）2. 有關政府採購法及相關規定中，下列何者非屬巨額採購之認定？【簡單】

(A) 技術服務採購金額新臺幣 1800 萬元

(B) 不動產採購金額新臺幣 1.2 億元

(C) 新建工程採購金額新臺幣 2.5 億元

(D) 營運管理採購金額新臺幣 2100 萬元

（A）3. 依據政府採購法之相關規定，下列敘述何者正確？　　　　　【簡單】

(A) 查核金額應大於公告金額

(B) 公告金額與查核金額，不存在相對大小關係

(C) 查核金額等同於公告金額

(D) 查核金額應小於公告金額

九、政府採購法第 65、66、67 條

關鍵字與法條	條文內容
轉包之敘述 【政府採購法#65】	1. 得標廠商應自行履行工程、勞務契約,不得轉包。 2. 前項所稱轉包,指將原契約中應自行履行之全部或其主要部分,由其他廠商代為履行。 3. 廠商履行財物契約,其需經一定履約過程,非以現成財物供應者,準用前二項規定。
得標廠商違反 【政府採購法#66】	1. **得標廠商違反前條規定轉包其他廠商時,機關得解除契約、終止契約或沒收保證金,並得要求損害賠償。** 2. 前項轉包廠商與得標廠商對機關負連帶履行及賠償責任。再轉包者,亦同。
分包之敘述 【政府採購法#67】	1. 得標廠商得將採購分包予其他廠商。稱**分包者,謂非轉包而將契約之部分由其他廠商代為履行。** 2. 分包契約報備於採購機關,並經得標廠商就分包部分設定權利質權予分包廠商者,民法第五百十三條之抵押權及第八百十六條因添附而生之請求權,及於得標廠商對於機關之價金或報酬請求權。 3. 前項情形,分包廠商就其分包部分,**與得標廠商連帶負瑕疵擔保責任。**

題庫練習:

(D) 1. 承包商依據工程契約,經報備於業主後,將部分工程分包於不同之分包廠商,若發生分包商之工作介面有爭議時,下列何者正確?【適中】
　　(A) 既經報備於業主,業主應同意追加
　　(B) 分包廠商應共同負責
　　(C) 承包廠商既為簽約者,有權要求追加
　　(D) 承包廠商既為簽約者,應自行負責

(B) 2. 有關「工程分包」之敘述,下列何者正確?　　　　　　　【簡單】
　　(A) 承包商不得將工程契約內之部分工程分包,以免違約
　　(B) 承包商不得以不具備履行契約分包事項能力或未依法登記或設立之廠商為分包廠商
　　(C) 分包廠商的估驗請款,必要時得直接向業主請領
　　(D) 分包契約既經報於業主,承包商可免除部分契約責任

(B) 3. 有關承包廠商之分包的敘述,下列何者錯誤?　　　　　　【簡單】
　　(A) 分包商應具備履行契約分包事項之能力
　　(B)「分包商與業主之關係」與「承包廠商與業主之關係」完全相同

> (C) 分包商只與承包廠商有直接之契約關係
> (D) 分包契約得報備於業主

十、政府採購法施行細則第 91、92、93 條

關鍵字與法條	條文內容
但採購事項單純者得免之【政府採購法施行細則 #91】	1. 機關辦理**驗收**人員之分工如下： 　一、主驗人員：主持驗收程序，抽查驗核廠商履約結果有無與契約、圖說或貨樣規定不符，並決定不符時之處置。 　二、會驗人員：會同抽查驗核廠商履約結果有無與契約、圖說或貨樣規定不符，並會同決定不符時之處置。**但採購事項單純者得免之。** 　三、協驗人員：協助辦理驗收有關作業。但採購事項單純者得免之。 2. 會驗人員，為接管或使用機關（單位）人員。 3. 協驗人員，為設計、監造、承辦採購單位人員或機關委託之專業人員或機構人員。 4. 法令或契約載有驗收時應辦理丈量、檢驗或試驗之方法、程序或標準者，應依其規定辦理。有監驗人員者，其工作事項為監視驗收程序。
如有施工結果與發包圖說不符時，下列敘述何者正確？【政府採購法同上條文 #92】	1. 廠商應於工程預定竣工日前或竣工當日，將竣工日期書面通知監造單位及機關。除契約另有規定者外，**機關應於收到該書面通知之日起七日內會同監造單位及廠商，依據契約、圖說或貨樣核對竣工之項目及數量，確定是否竣工**；廠商未依機關通知派代表參加者，仍得予確定。 2. 工程竣工後，除契約另有規定者外，監造單位應於竣工後七日內，將竣工圖表、工程結算明細表及契約規定之其他資料，送請機關審核。有初驗程序者，**機關應於收受 全部資料 之日起三十日內辦理初驗**，並作成初驗紀錄。 3. 財物或勞務採購有初驗程序者，準用前二項規定。
二十日內辦理驗收【政府採購法同上條文 #93】	採購之驗收，有初驗程序者，初驗合格後，除契約另有規定者外，機關應於**二十日內辦理驗收**，並作成驗收紀錄。

題庫練習：

> (D) 1. 依政府採購法施行細則，工程竣工後除契約另有規定者外，監造單位應於竣工後 7 日內，將竣工圖表、工程結算明細表及契約規定之其他

資料，送請機關審核。如有施工結果與發包圖說不符時，下列敘述何者正確？ 【適中】

(A) 屬監造單位監造不實之責任　　(B) 屬承包商施作不實之責任

(C) 應由監造單位繪製竣工圖說　(D) 應由承包商繪製竣工圖說

（CD）2. 有關政府採購法及相關規定中，對於工程驗收之敘述，下列何者錯誤？ 【適中】

(A) 廠商於竣工當日將竣工日期書面通知監造單位及機關

(B) 機關收到該書面通知之日起 7 日內會同監造單位及廠商確定是否竣工

(C) 機關應於收受規定資料之日起 30 日內辦理初驗

(D) 有初驗程序者，初驗合格後，除契約另有規定者外，機關應於 30 日內完成驗收工作

（B）3. 有關機關辦理驗收事項之敘述，下列何者正確？ 【困難】

(A) 機關承辦採購單位之人員，可為所辦採購之檢驗人，但不可擔任主驗人

(B) **採購事項單純者，免會驗人員**

(C) 部分驗收不符，但機關認為其他部分能先行使用，仍不得先行使用，並俟完全驗收完竣，付款後方得使用

(D) 驗收結果與規定不符，政府採購法規定並無減價收受之可能，以確保契約及圖說之執行

十一、政府採購法第 2 條

關鍵字與法條	條文內容
政府採購法所稱採購？ 【政府採購法 #2】	本法所稱**採購**，指**工程之定作**、**財物之買受**、定製、**承租**及**勞務之委任或僱傭**等。

題庫練習：

（D）1. 下列何者不是政府採購法所稱採購？ 【適中】	
(A) 契約工之僱傭	(B) 工程之定作
(C) 財物之承租	(D) 土地之出租
（C）2. 下列何者須依政府採購法辦理採購？ 【適中】	
(A) 300 萬元補助對象之選定	(B) 150 萬元資源回收物品之標售
(C) 200 萬元房地產之買受	(D) 250 萬元機關財物之出租

十二、政府採購法第 9 條

關鍵字與法條	條文內容
1. 中央主管機關 **2. 上級機關** 【政府採購法 #9】	1. 本法所稱**主管機關**，為行政院採購暨公共工程委員會，以政務委員一人兼任主任委員。 2. 本法所稱**上級機關**，指辦理採購機關直屬之上一級機關。其無上級機關者，由該機關執行本法所規定上級機關之職權。

題庫練習：

（C）1. 依政府採購法之規定，下列何者為其中央主管機關？　　【簡單】 　　　　(A) 經濟部　　　　　　　　　　(B) 國家發展委員會 　　　　(C) 公共工程委員會　　　　　　(D) 公平交易委員會 （C）2. 有關政府採購之「上級機關」的敘述，下列何者錯誤？　　【適中】 　　　　(A) 公營事業之上級機關為其所隸屬的政府機關 　　　　(B) 上級機關負責監辦下級主辦單位之採購 　　　　(C) 所有學校單位均得由教育部監辦採購 　　　　(D) 國民大會、總統府及國家安全會議無上級機關

十三、政府採購法第 12 條

關鍵字與法條	條文內容
何種方式執行，以節省時效？ 【政府採購法 #12】	1. **機關辦理查核金額以上採購之開標、比價、議價、決標及驗收時，應於規定期限內，檢送相關文件報請上級機關派員監辦；上級機關得視事實需要訂定授權條件，由機關自行辦理。** 2. 機關辦理未達查核金額之採購，其決標金額達查核金額者，或契約變更後其金額達查核金額者，機關應補具相關文件送上級機關備查。 3. 查核金額由主管機關定之。
採購金額認定	**巨額金額＞查核金額＞公告金額** (1) 公告金額：工程、財物、勞務等採購，均為新臺幣 150 萬元。 (2) **查核金額：工程採購（5000 萬）、財務採購（5000 萬）、勞務採購（1000 萬）。** (3) 巨額金額：工程採購（2 億）、財務採購（1 億）、勞務採購（2000 萬）。

題庫練習：

（C）1. 有關政府採購法之法條敘述，下列何者正確？　　　　　　　【困難】

(A) 政府採購法所稱選擇性招標，指以機關主動邀請方式預先依一定資格條件辦理廠商資格審查後，再行邀請符合資格之廠商投標

(B) 機關辦理查核金額以上採購作業，應報請上級機關派員監辦。前述查核金額就勞務採購規定為新臺幣一百萬元

(C) 投標廠商或其負責人與機關首長本人、配偶、三親等以內血親或姻親，或同財共居親屬涉及利益時者，不得參與該機關之採購

(D) 機關辦理評選，應成立五人至十三人評選委員會，專家學者人數不得少於四分之一

（B）2. 有關政府採購法之法條敘述，下列何者正確？　　　　　　　【適中】

(A) 採購異議申訴審議委員會委員組成，由主管機關及直轄市、縣（市）政府聘請社會賢達之公正人士擔任

(B) 履約爭議調解屬廠商申請者，機關不得拒絕；爭議經採購申訴審議委員會提出調解建議或調解方案，因機關不同意致調解不成立者，廠商提付仲裁，機關不得拒絕

(C) 在查核金額以上之採購，其驗收結果與規定不符，而不妨礙安全及使用需求，經機關檢討不必拆換者，得減價收受，且隨後向上級機關報備之

(D) 機關辦理查核金額以上採購作業，應報請上級機關派員監辦。前述查核金額就勞務採購規定為新臺幣一百萬元

十三、政府採購法第 94 條

關鍵字與法條	條文內容
專家學者人數 【政府採購法#94】	1. **機關辦理評選，應成立五人以上之評選委員會，專家學者人數不得少於三分之一**，其名單由主管機關會同教育部、考選部及其他相關機關建議之。 2. 前項所稱專家學者，不得為政府機關之現職人員。評選委員會組織準則及審議規則，由主管機關定之。

題庫練習：

（C）1. 機關委託技術服務，不經公告程序，邀請二家以上廠商比價或僅邀請一家廠商議價的招標方式，是屬於政府採購法中下列何者？　【簡單】

　　　　　(A) 公開招標　　(B) 選擇性招標　　(C) 限制性招標　　(D) 最有利標

（C）2.　有關政府採購法之法條敘述，下列何者正確？　　　　　　　　【困難】

　　　　　(A) 政府採購法所稱選擇性招標，指以機關主動邀請方式預先依一定資格條件辦理廠商資格審查後，再行邀請符合資格之廠商投標

　　　　　(B) 機關辦理查核金額以上採購作業，應報請上級機關派員監辦。前述查核金額就勞務採購規定為新臺幣一百萬元

　　　　　(C) 投標廠商或其負責人與機關首長本人、配偶、三親等以內血親或姻親，或同財共居親屬涉及利益時者，不得參與該機關之採購

　　　　　(D) 機關辦理評選，應成立五人至十三人評選委員會，專家學者人數不得少於四分之一

十四、政府採購法第 20 條

關鍵字與法條	條文內容
得採選擇性招標情形之敘述 【政府採購法#20】	機關辦理公告金額以上之採購，符合下列情形之一者，得採選擇性招標： **一、經常性採購。** **二、投標文件審查，須費時長久始能完成者。** 三、廠商準備投標需高額費用者。 **四、廠商資格條件複雜者。** **五、研究發展事項。**

題庫練習：

（D）1.　有關機關辦理公告金額以上之採購，得採選擇性招標情形之敘述，下列何者錯誤？　　　　　　　　　　　　　　　　　【簡單】

　　　　　(A) 經常性採購　　　　　　　　(B) 廠商資格條件複雜者

　　　　　(C) 研究發展事項　　　　　　　(D) 投標文件短時間可完成

（C）2.　依政府採購法之相關規定，下列何者錯誤？　　　　　　　【簡單】

　　　　　(A) 本法所稱選擇性招標，指以公告方式預先依一定資格條件辦理廠商資格審查後，再行邀請符合資格之廠商投標

　　　　　(B) 本法所稱限制性招標，乃指不經公告程序，直接邀請二家以上廠商比價或僅邀請一家廠商進行議價

　　　　　(C) 政府採購之招標方式分為公開招標、選擇性招標及限制性招標等三種，其開標、比價或議價前，一律應先訂定底價

　　　　　(D) 本法所稱公開招標，指以公告方式邀請不特定廠商進行投標

十五、統包實施辦法第 6 條

關鍵字與法條	條文內容
主要材料或設備規範之訂定 【統包實施辦法 #6】	機關以統包辦理招標，除法令另有規定者外，應於招標文件載明下列事項： 一、統包工作之範圍。 二、統包工作完成後所應達到之功能、效益、標準、品質或特性。 三、設計、施工、安裝、供應、測試、訓練、維修或營運等所應遵循或符合之規定、設計準則及時程。 四、**主要材料或設備之特殊規範。** 五、甄選廠商之評審標準。 六、投標廠商於投標文件須提出之設計、圖說、主要工作項目之時程、數量、價格或計畫內容等。

題庫練習：

（C）1. 主要材料或設備規範之訂定原屬建築師接受委託之工作範圍，但下列何者卻是由機關訂定，建築師遵照辦理？　　　　　　　【適中】
(A) 共同投標工程　(B) 異質工程　(C) 統包工程　(D) 聯合承攬工程

（A）2. 建築師與營造業共同參與投標的統包工程中，建築師扮演何種角色？　　　　　　　　　　　　　　　　　　　　　　　　【簡單】

(A) 設計　(B) 營造　(C) 品管　(D)　監造

十六、政府採購法第 30 條

關鍵字與法條	條文內容
繳納押標金之敘述 【政府採購法#30】	1. 機關辦理招標，應於招標文件中規定投標廠商須**繳納押標金**；得標廠商須繳納保證金或提供或併提供其他擔保。但有下列情形之一者，不在此限： 一、**勞務採購，以免收押標金**、保證金為原則。 二、未達公告金額之工程、財物採購，得免收押標金、保證金。 三、以議價方式辦理之採購，得免收押標金。 四、依市場交易慣例或採購案特性，無收取押標金、保證金之必要或可能。 2. 押標金及保證金應由廠商以**現金、金融機構簽發之本票或支票、保付支票、郵政匯票、政府公債、設定質權之金融機構定期存款單、銀行開發或保兌之不可撤銷擔保信用狀繳納，或取具銀行之書面連帶保證、保險公司之連帶保證保險單為之。**

關鍵字與法條	條文內容
	押標金、保證金與其他擔保之種類、額度、繳納、退還、終止方式及其他相關作業事項之辦法，由主管機關另定之。

題庫練習：

（B）1. 依政府採購法規定，政府機關辦理招標，有關繳納押標金之敘述，下列何者正確？　　　　　　　　　　　　　　　　　　　【適中】
(A) 以議價方式辦理採購，應繳押標金
(B) 勞務採購得免收押標金
(C) 所有工程及財物採購應繳押標金
(D) 依採購案之特性，廠商可於得標後，議價前補交押標金

（B）2. 押標金及保證金除由廠商以現金、金融機構簽發之本票或支票外，下列何者不是政府採購法規定允許的保證？　　　　　　　　【簡單】
(A) 郵政匯票　　　　　　　　　　(B) 公司支票
(C) 保險公司之連帶保證保險單　　(D) 銀行之書面連帶保證

十七、政府採購法第 52 條

關鍵字與法條	條文內容
決標方式 【政府採購法#52】	1. 機關辦理採購之決標，應依下列原則之一辦理，並應載明於招標文件中： 一、**訂有底價之採購**，以合於招標文件規定，且在**底價以內之最低標**為得標廠商。(B) 二、**未訂底價之採購**，以合於招標文件規定，標價合理，且在**預算數額以內之最低標**為得標廠商。(C) 三、以**合於招標文件規定之最有利標**為得標廠商。 四、採用**複數決標**之方式：機關得於招標文件中公告保留之採購項目或數量選擇之組合權利，但應合於最低價格或最有利標之競標精神。 2. 機關辦理公告金額以上之專業服務、技術服務、資訊服務、社會福利服務或文化創意服務者，以不訂底價之最有利標為原則。 3. 決標時得不通知投標廠商到場，其結果應通知各投標廠商。

題庫練習：

（D）1. 有關政府採購法及相關規定中，對於決標方式之敘述，下列何者錯誤？
【簡單】
(A) 訂定底價，在底價內之最低標
(B) 不訂定底價，在預算數額以內之最低標
(C) 以合於招標文件規定之最有利標為得標廠商
(D) 分項報價不分項決標之複數決標

（A）2. 政府採購法第 3 章有關決標之敘述，下列何者錯誤？　【簡單】
(A) 機關辦理採購決標時，決標時應要求投標廠商到場，全部投標廠商到齊始能決標，其結果並應書面通知各投標廠商
(B) 機關辦理訂有底價之採購決標時，以合於招標文件規定，且在底價以內之最低標為得標廠商
(C) 機關辦理未訂有底價之採購決標時，以合於招標文件規定，標價合理且在預算數額以內之最低標為得標廠商
(D) 機關辦理採購採最低標決標時，如最低標廠商之標價偏低不合理，廠商未於通知期限內提出合理之說明或擔保者，得不決標予該廠商，並以次低標廠商為最低標廠商

十八、政府採購法第 71 條

關鍵字與法條	條文內容
1. 限期辦理驗收 **2. 主驗** 【政府採購法#71】	1. 機關辦理工程、財物採購，應**限期辦理驗收**，並得辦理部分驗收。 2. **驗收時應由機關首長或其授權人員指派適當人員主驗**，通知**接管單位或使用單位會驗**。 3. **機關承辦採購單位之人員**不得為所辦採購之**主驗人**或樣品及材料之**檢驗人**。 4. 前三項之規定，於勞務採購準用之。

題庫練習：

（D）1. 有關政府採購法第五章有關採購驗收作業規定之敘述，下列何者錯誤？
【適中】
(A) 主驗人員為機關首長或其授權人員指派適當人員
(B) 會驗人員為接管單位或使用單位代表

(C) 機關承辦採購單位人員不得為主驗人員

(D) 主辦機關得隨時辦理分段驗收

（B）2. 有關機關辦理驗收事項之敘述，下列何者正確？　　　　　【困難】

    (A) 機關承辦採購單位之人員，可為所辦採購之檢驗人，但不可擔任主驗人

    (B) 採購事項單純者，免會驗人員

    (C) 部分驗收不符，但機關認為其他部分能先行使用，仍不得先行使用，並俟完全驗收完竣，付款後方得使用

    (D) 驗收結果與規定不符，政府採購法規定並無減價收受之可能，以確保契約及圖說之執行

十九、政府採購法第 76、78、80、83 條及政府採購法施行細則 第 79 條

關鍵字與法條	條文內容
機關收受之日，視為提起申訴之日【政府採購法#76】	1. 廠商對於公告金額以上採購異議之處理結果不服，或招標機關逾前條第二項所定期限不為處理者，得於收受異議處理結果或期限屆滿之次日起十五日內，依其屬中央機關或地方機關辦理之採購，以書面分別向主管機關、直轄市或縣（市）政府所設之採購申訴審議委員會申訴。地方政府未設採購申訴審議委員會者，得委請中央主管機關處理。 2. **廠商誤向該管採購申訴審議委員會以外之機關申訴者，以該機關收受之日，視為提起申訴之日。** 3. 第二項收受申訴書之機關應於收受之次日起三日內將申訴書移送於該管採購申訴審議委員會，並通知申訴廠商。 4. 爭議屬第三十一條規定不予發還或追繳押標金者，不受第一項公告金額以上之限制。
四十日內完成審議【政府採購法施行細則 #78】	1. 廠商提出申訴，應同時繕具副本送招標機關。機關應自收受申訴書副本之次日起十日內，以書面向該管採購申訴審議委員會陳述意見。 2. **採購申訴審議委員會應於收受申訴書之次日起四十日內完成審議，並將判斷以書面通知廠商及機關。必要時得延長四十日。**

關鍵字與法條	條文內容
不合理價格 【政府採購法施行細則 #79】	本法第五十八條所稱總標價偏低，指下列情形之一： 一、訂有底價之採購，**廠商之總標價低於底價百分之八十者。** 二、未訂底價之採購，**廠商之總標價經評審或評選委員會認為偏低者。** 三、未訂底價且未設置評審委員會或評選委員會之採購，**廠商之總標價低於預算金額或預估需用金額之百分之七十者。**預算案尚未經立法程序者，以預估需用金額計算之。
僅就書面審議之 【政府採購法 #80】	1. **採購申訴得僅就書面審議之。** 2. 採購申訴審議委員會得依職權或申請，通知申訴廠商、機關到指定場所陳述意見。 3. 採購申訴審議委員會於審議時，得囑託具專門知識經驗之機關、學校、團體或人員鑑定，並得通知相關人士說明或請機關、廠商提供相關文件、資料。 4. 採購申訴審議委員會辦理審議，得先行向廠商收取審議費、鑑定費及其他必要之費用；其收費標準及繳納方式，由主管機關定之。 5. 採購申訴審議規則，由主管機關擬訂，報請行政院核定後發布之。
視同訴願決定 【政府採購法 #83】	審議判斷，**視同訴願決定。**

題庫練習：

（C）1. 政府採購法中有關廠商對於公告金額以上採購異議之處理結果不服之申訴，下列何者錯誤？　　　　　　　　　　　　　　　　【困難】
   (A) 採購申訴得僅就書面審議之
   (B) 廠商誤向該管採購申訴審議委員會以外之機關申訴者，以該機關收受之日，視為提起申訴之日
   (C) 採購申訴審議判斷，視同法院判決
   (D) 採購申訴審議委員會應於收受申訴書之次日起 40 日內完成審議

（D）2. 機關辦理採購採最低標決標時，如認為最低標廠商之總標價或部分標價偏低顯不合理，有關不合理價格之敘述，下列何者錯誤？　【適中】
   (A) 廠商之總標價低於底價 80%
   (B) 廠商之總標價低於預算金額或預估需用金額之 70%
   (C) 廠商之總標價經評審或評選委員認為偏低者
   (D) 廠商之部分標價低於可供參考之一般價格之 60%

二十、政府採購法第 85-1、86 條

關鍵字與法條	條文內容
未能達成協議 【政府採購法 #85-1】	1. 機關與廠商因履約爭議未能達成協議者，得以下列方式之一處理： 一、向採購申訴審議委員會申請調解。 二、向仲裁機構提付仲裁。 2. 前項調解屬廠商申請者，機關不得拒絕。工程及技術服務採購之調解，採購申訴審議委員會應提出調解建議或調解方案；其因機關不同意致調解不成立者，廠商提付仲裁，機關不得拒絕。 **3. 採購申訴審議委員會辦理調解之程序及其效力，除本法有特別規定者外，準用民事訴訟法有關調解之規定。** 4. 履約爭議調解規則，由主管機關擬訂，報請行政院核定後發布之。

補充說明：

【採購申訴審議委員會組織準則 #4】

　　申訴會置委員七人至三十五人，除主任委員、副主任委員為當然委員外，由主管機關或直轄市、縣（市）政府就本機關高級人員或具有法律或採購相關專門知識之公正人士派（聘）兼之。

　　前項委員，由本機關高級人員兼任者最多三人，且不得超過全體委員人數五分之一。第一項聘任之委員，任期二年；期滿得續聘之。

題庫練習：

（B）1.	有關政府採購法之法條敘述，下列何者正確？　　　　　　　【適中】 (A) **採購異議申訴審議委員會委員組成，由主管機關及直轄市、縣（市）政府聘請社會賢達之公正人士擔任** (B) 履約爭議調解屬廠商申請者，機關不得拒絕；爭議經採購申訴審議委員會提出調解建議或調解方案，因機關不同意致調解不成立者，廠商提付仲裁，機關不得拒絕 (C) 在查核金額以上之採購，其驗收結果與規定不符，而不妨礙安全及使用需求，經機關檢討不必拆換者，得減價收受，且隨後向上級機關報備之

(D) 機關辦理查核金額以上採購作業，應報請上級機關派員監辦。前述
查核金額就勞務採購規定為新臺幣一百萬元

（C）2.　有關政府採購法之法條敘述，下列何者錯誤？　　　　　　【適中】

(A) 採購申訴審議委員會辦理調解之程序及其效力，除政府採購法有特
別規定者外，準用民事訴訟法有關調解之規定

(B) 政府採購法所稱廠商，指具備能力滿足供應各類採購之公司、合夥
或獨資之工商行號及自然人、法人、機構或團體

(C) 採購申訴審議委員會委員組成，由主管機關及直轄市、縣（市）政
府聘請社會賢達之公正人士擔任

(D) 工程驗收結果不符之部分非屬重要，而其他部分能先行使用，並經
檢討確有先行使用之必要者，得經機關首長核准，就其他部分辦理
驗收並支付部分價金

二十一、工程採購契約範本第 22 條、政府採購法第 86 條

關鍵字與法條	條文內容
工程採購契約範本第 22 條	（一）機關與廠商因履約而生爭議者，應依法令及契約規定，考量公共利益及公平合理，本誠信和諧，盡力協調解決之。其未能達成協議者，得以下列方式處理之： 1.**提起民事訴訟**，並以□機關；□本工程（由機關於招標時勾選；未勾選者，為機關）所在地之地方法院為第一審管轄法院。 2.依採購法第 85 條之 1 規定向採購申訴審議委員會申請調解。工程採購經採購申訴審議委員會提出調解建議或調解方案，因機關不同意致調解不成立者，廠商提付仲裁，機關不得拒絕。 3.**經契約雙方同意並訂立仲裁協議後，依本契約約定及仲裁法規定提付仲裁。** 4.依採購法第 102 條規定提出異議、申訴。 5.依其他法律申（聲）請調解。 6.契約雙方合意成立爭議處理小組協調爭議。 7.**依契約或雙方合意之其他方式處理。**
有關申訴審議委員會組成之敘述【政府採購法#86】	主管機關及直轄市、縣（市）政府為處理中央及地方機關採購之廠商申訴及機關與廠商間之履約爭議調解，分別設採購申訴審議委員會；置委員七人至三十五人，由主管機關及直轄市、縣（市）政府聘請具有法律或採購相關專門知識之公正人士擔任，其中三人並得由主管機關及直轄市、縣（市）政府高級人員派兼之。但派兼人數不得超過全體委員人數五分之一。

關鍵字與法條	條文內容
	採購申訴審議委員會應公正行使職權。**採購申訴審議委員會組織準則**，由主管機關擬訂，報請行政院核定後發布之。

題庫練習：

> （B）1. 執行公共工程合約如發生爭執未能達成協議時，下列何者不是公共工程契約範本中建議採用之處理方式？　　　　　　　【困難】
> (A) 提起民事訴訟
> (B) 提請行政院公共工程委員會依工程慣例處理
> (C) 經契約雙方同意並訂立仲裁協議後，依契約約定及仲裁法規定提付仲裁
> (D) 依契約或雙方合意之其他方式處理
>
> （C）2. 依據政府採購法第六章爭議處理有關申訴審議委員會組成之敘述，下列何者錯誤？（政府採購 #86）　　　　　　　　　　　【適中】
> (A) 主管機關及直轄市、縣（市）政府為處理機關採購之廠商申訴及機關與廠商間之履約爭議調解，分別設採購申訴審議委員會；置委員7人至35人
> (B) 採購申訴審議委員會委員組成，其中3人並得由主管機關及直轄市、縣（市）政府高級人員派兼之
> (C) 採購申訴審議委員會委員組成，由該管地方法院聘請社會賢達之公正人士擔任
> (D) 採購申訴審議委員會委員組成其中由政府高級人員派兼人數不得超過全體委員人數五分之一

二十二、政府採購法第 94 條

關鍵字與法條	條文內容
專家學者人數 【政府採購法#94】	1. 機關辦理評選，應成立五人以上之評選委員會，**專家學者人數不得少於三分之一**，其名單由主管機關會同教育部、考選部及其他相關機關建議之。 2. 前項所稱專家學者，不得為政府機關之現職人員。評選委員會組織準則及審議規則，由主管機關定之。

題庫練習：

（A）1. 依政府採購法規定，機關成立評選委員會，專家學者人數不得少於多少比例，且不得為政府機關之現職人員？ 【非常簡單】
(A) 1/3 (B) 1/2 (C) 3/4 (D) 無比例限制

（C）2. 有關政府採購法之法條敘述，下列何者正確？ 【困難】
(A) 政府採購法所稱選擇性招標，指以機關主動邀請方式預先依一定資格條件辦理廠商資格審查後，再行邀請符合資格之廠商投標
(B) 機關辦理查核金額以上採購作業，應報請上級機關派員監辦。前述查核金額就勞務採購規定為新臺幣一百萬元
(C) 投標廠商或其負責人與機關首長本人、配偶、三親等以內血親或姻親，或同財共居親屬涉及利益時者，不得參與該機關之採購
(D) 機關辦理評選，應成立五人至十三人評選委員會，專家學者人數不得少於四分之一

二十三、政府採購法第 101 條

關鍵字與法條	條文內容
刊登於政府採購公報之廠商 【政府採購法#101】	1. 機關辦理採購，發現廠商有下列情形之一，應將其事實、理由及依第一百零三條第一項所定期間通知廠商，並附記如未提出異議者，將刊登政府採購公報： 一、容許他人借用本人名義或證件參加投標者。 二、借用或冒用他人名義或證件投標者。 三、擅自減省工料，情節重大者。 四、以虛偽不實之文件投標、訂約或履約，情節重大者 (B)。 五、受停業處分期間仍參加投標者。 六、犯第八十七條至第九十二條之罪，經第一審為有罪判決者。 七、得標後無正當理由而不訂約者 (C)。 八、查驗或驗收不合格，情節重大者。 九、驗收後不履行保固責任，情節重大者。 十、因可歸責於廠商之事由，致延誤履約期限，情節重大者。 十一、違反第六十五條規定轉包者。 十二、因可歸責於廠商之事由，致解除或終止契約，情節重大者 (A)。 十三、破產程序中之廠商。 十四、歧視性別、原住民、身心障礙或弱勢團體人士，情節重大者。 十五、對採購有關人員行求、期約或交付不正利益者。

關鍵字與法條	條文內容
	2. 廠商之履約連帶保證廠商經機關通知履行連帶保證責任者，適用前項規定。 3. 機關為第一項通知前，應給予廠商口頭或書面陳述意見之機會，機關並應成立採購工作及審查小組認定廠商是否該當第一項各款情形之一。 4. 機關審酌第一項所定情節重大，應考量機關所受損害之輕重、廠商可歸責之程度、廠商之實際補救或賠償措施等情形。

題庫練習：

（D）1. 政府採購法第 8 章第 101 條規定機關勞務採購，下列何種廠商不符合刊登政府採購公報規定？　　　　　　　　　　　【適中】
(A) 因可歸責於廠商之事由，致解除或終止契約者
(B) 偽造、變造投標、契約或履約相關文件者
(C) 得標後無正當理由而不訂約者
(D) 受申誡處分期間仍參加投標者

（C）2. 依政府採購法第 101 條之規定，被刊登政府採購公報者，於一定期間失去參與公共工程之權利，下列何者不屬於構成之要件？　【適中】
(A) 歧視弱勢團體人士，情節重大者
(B) 擅自減省工料情節重大者
(C) 不滿甄選結果任意散發黑函，情節重大者
(D) 得標後無正當理由而不訂約者

二十四、政府採購法第 102、103 條

關鍵字與法條	條文內容
【政府採購法 #102】	1. 廠商對於機關依前條所為之通知，認為違反本法或不實者，得於接獲通知之次日起二十日內，以書面向該機關提出異議。 2. 廠商對前項異議之處理結果不服，或機關逾收受異議之次日起十五日內不為處理者，無論該案件是否逾公告金額，得於收受異議處理結果或期限屆滿之次日起十五日內，以書面向該管採購申訴審議委員會申訴。 3. 機關依前條通知廠商後，廠商未於規定期限內提出異議或申訴，或經提出申訴結果不予受理或審議結果指明不違反本法或並無不實者，機關應即將廠商名稱及相關情形刊登政府採購公報。

關鍵字與法條	條文內容
	4. 第一項及第二項關於異議及申訴之處理，準用第六章之規定。
刊登於政府採購公報之廠商 【政府採購法#103】	1. 依前條第三項規定刊登於政府採購公報之廠商，於下列期間內，不得參加投標或作為決標對象或分包廠商： 　一、**有第一百零一條第一項第一款至第五款、第十五款情形或第六款判處有期徒刑者，自刊登之次日起三年。**但經判決撤銷原處分或無罪確定者，應註銷之。 　二、**有第一百零一條第一項第十三款、第十四款情形或第六款判處拘役、罰金或緩刑者，自刊登之次日起一年。**但經判決撤銷原處分或無罪確定者，應註銷之。 　三、有第一百零一條第一項第七款至第十二款情形者，於通知日起前五年內未被任一機關刊登者，自刊登之次日起三個月；已被任一機關刊登一次者，自刊登之次日起六個月；已被任一機關刊登累計二次以上者，自刊登之次日起一年。但經判決撤銷原處分者，應註銷之。 2. 機關因特殊需要，而有向前項廠商採購之必要，經上級機關核准者，不適用前項規定。 3. 本法中華民國一百零八年四月三十日修正之條文施行前，已依第一百零一條第一項規定通知，但處分尚未確定者，適用修正後之規定。

題庫練習：

（D）1. 依政府採購法規定，容許他人借用本人名義或證件參加投標者，依規定刊登於政府採購公報之廠商，不得於下列何者期間內參加投標或作為決標對象或分包廠商？　　　　　　　　　　　【適中】
(A) 6 個月　(B) 1 年　(C) 2 年　(D) 3 年

（B）2. 依據政府採購法第六章爭議處理之規定，廠商與機關間異議、申訴與履約爭議處理之敘述，下列何者錯誤？　　　　　　【非常困難】
(A) 針對採購申訴，採購申訴審議委員會於完成審議前，必要時得通知招標機關暫停採購程序。審議委員會審議判斷，視同訴願決定
(B) 機關與廠商因履約爭議未能達成協議者，得向採購申訴審議委員會申請調解。調解不成者始得向仲裁機構提付仲裁
(C) 履約爭議調解過程中，調解委員得依職權以採購申訴審議委員會名義提出書面調解建議；機關不同意該建議者，應先報請上級機關核定，並以書面向採購申訴審議委員會及廠商說明理由
(D) 針對審議委員會調解方案，機關提出異議者，應先報請上級機關核定，並以書面向採購申訴審議委員會及廠商說明理由

二十五、投標須知範本（工程會全球資訊網：招標文件及表格）

關鍵字與法條	條文內容
公共工程招標必要的書圖文件（建築師應提供機關）	施工規範、詳細設計圖、空白標單。

題庫練習：

（C）1. 建築師應提供機關辦理工程招標之文件包括下列何者？①空白標單②施工規範③投標須知④工程契約書⑤設計詳圖

　　　(A) ①③④　(B) ②④⑤　(C) ①②⑤　(D) ①②③

（D）2. 公共工程招標，下列何者不是必要的書圖文件？　　　　　【簡單】

　　　(A) 詳細設計圖　(B) 施工規範　(C) 空白標單　(D) 建築執照圖

二十六、政府採購法第 3 條

關鍵字與法條	條文內容
機關 【政府採購法 #3】	**政府機關、公立學校、公營事業**（以下簡稱機關）辦理採購，依本法之規定；本法未規定者，適用其他法律之規定。

題庫練習：

（B）　下列何者辦理採購時，應依政府採購法之規定辦理？　　　　【簡單】

　　　(A) 政府機關、法人團體、學術機構

　　　(B) 公營事業、公立學校、政府機關

　　　(C) 社福機構、政府機關、法人團體

　　　(D) 政府機關、學術機構、公立學校

二十七、政府採購法第 5 條

關鍵字與法條	條文內容
機關採購得委託法人或團體代辦 【政府採購法 #5】	1. 機關採購得委託法人或團體代辦。 2. 前項採購適用本法之規定，該法人或團體並受委託機關之監督。

題庫練習：

（B）	下列何者不是政府採購法主管機關所掌理之事項？ 【適中】
	(A) 政府採購專業人員之訓練
	(B) 依政府採購法第 5 條規定，代辦機關之採購
	(C) 各機關採購之協調
	(D) 採購資訊之蒐集、公告及統計

二十八、政府採購法第 8 條

關鍵字與法條	條文內容
所稱廠商 【政府採購法 #8】	本法所稱廠商，指公司、合夥或獨資之工商行號及其他得提供各機關工程、財物、勞務之自然人、法人、機構或團體。

題庫練習：

（C）	有關政府採購法之法條敘述，下列何者錯誤？ 【適中】
	(A) 採購申訴審議委員會辦理調解之程序及其效力，除政府採購法有特別規定者外，準用民事訴訟法有關調解之規定
	(B) 政府採購法所稱廠商，指具備能力滿足供應各類採購之公司、合夥或獨資之工商行號及自然人、法人、機構或團體
	(C) 採購申訴審議委員會委員組成，由主管機關及直轄市、縣（市）政府聘請社會賢達之公正人士擔任
	(D) 工程驗收結果不符之部分非屬重要，而其他部分能先行使用，並經檢討確有先行使用之必要者，得經機關首長核准，就其他部分辦理驗收並支付部分價金

二十九、政府採購法第 13、14 條

關鍵字與法條	條文內容
主（會）計及有關單位會同監辦 【政府採購法 #13】	1. 機關辦理公告金額以上採購之開標、比價、議價、決標及**驗收**，**除有特殊情形者外，應由其主（會）計及有關單位會同監辦。** 2. 未達公告金額採購之監辦，依其屬中央或地方，由主管機關、直轄市或縣（市）政府另定之。未另定者，比照前項規定辦理。 3. 公告金額應低於查核金額，由主管機關參酌國際標準定之。 4. 第一項會同監辦採購辦法，由主管機關會同行政院主計處定之。

關鍵字與法條	條文內容
機關不得意圖規避本法之適用 【政府採購法#14】	**機關不得意圖規避本法之適用**，分批辦理公告金額以上之採購。其有分批辦理之必要，並經上級機關核准者，應依其總金額核計採購金額，分別按公告金額或查核金額以上之規定辦理。

題庫練習：

（B）	為縮短行政流程，機關辦理採購時，可以採下列何種方式執行，以節省時效？　　　　　　　　　　　　　　　　　　　　　　【適中】 (A) 為避免公告程序分批辦理公告金額以上的採購 (B) 上級單位視需要授權機關自行辦理查核金額以上的開標 (C) 機關辦理工程驗收時，主（會）計單位不須會同監辦 (D) 避免國外廠商參加，盡量使開標作業單純化

三十、政府採購法施行細則第 25 條

關鍵字與法條	條文內容
允許投標廠商提出同等品者 【政府採購法施行細則 #25】	1. 本法第二十六條第三項所稱同等品，指經機關審查認定，其功能、效益、標準或特性不低於招標文件所要求或提及者。 2. 招標文件允許投標廠商提出同等品，並規定應於投標文件內預先提出者，廠商應於投標文件內敘明同等品之廠牌、價格及功能、效益、標準或特性等相關資料，以供審查。 3. 招標文件允許投標廠商提出同等品，未規定應於投標文件內預先提出者，得標廠商得於使用同等品前，依契約規定向機關提出同等品之**廠牌**、**價格及功能**、**效益**、**標準或特**性等相關資料，以供審查。

題庫練習：

（D）	政府採購招標文件允許投標廠商提出同等品者，得標廠商得於使用同等品前，依契約規定向機關提出 相關資料供審查。下列何者不屬於前述資料？　　　　　　　　　　　　　　　　　　　　　　　　【適中】 (A) 廠牌　(B) 價格　(C) 功能　(D) 出廠證明

三十一、政府採購法施行細則第 29 條、政府採購法第 33 條

關鍵字與法條	條文內容
投標文件 【政府採購法施行細則 #29】	1. 本法第三十三條第一項所稱書面密封，指**將投標文件置於不透明之信封或容器內，並以漿糊、膠水、膠帶、釘書針、繩索或其他類似材料封裝者。** 2. **信封上或容器外應標示廠商名稱及地址。**其交寄或付郵所在地，機關不得予以限制。 3. 本法第三十三條第一項**所稱指定之場所，不得以郵政信箱為唯一場所。**
投標文件 【政府採購法 #33】	1. 廠商之投標文件，應以書面密封，於投標截止期限前，以郵遞或專人送達招標機關或其指定之場所。 2. 前項投標文件，廠商得以電子資料傳輸方式遞送。但以招標文件已有訂明者為限，並應於規定期限前遞送正式文件。 3. 機關得於招標文件中規定允許廠商於開標前補正非契約必要之點之文件。

題庫練習：

（D）	有關政府採購法及其施行細則之規定，下列敘述何者錯誤？　　【簡單】 (A) 投標文件置於不透明之信封或容器內，並以漿糊、膠水、膠帶、釘書針、繩索或其他類似材料封裝 (B) 投標信封上或容器外應標示廠商名稱及地址 (C) 同一投標廠商就同一採購之投標，以一標為限。其有違反者，機關應不予開標或接受 (D) 機關應指定以郵政信箱為唯一之投標送達場所

三十二、政府採購法第 34 條

關鍵字與法條	條文內容
決標後得不予公開之敘述 【政府採購法 #34】	1. 機關辦理採購，其招標文件於公告前應予保密。但須公開說明或藉以公開徵求廠商提供參考資料者，不在此限。 2. 機關辦理招標，不得於開標前洩漏底價，領標、投標廠商之名稱與家數及其他足以造成限制競爭或不公平競爭之相關資料。 3. **底價於開標後至決標前，仍應保密**，決標後除有特殊情形外，應予公開。 但機關依實際需要，得於招標文件中公告底價。

關鍵字與法條	條文內容
	4. 機關對於**廠商投標文件，除供公務上使用或法令另有規定外，應保守秘密**。

題庫練習：

（C）	有關政府採購之敘述，下列何者正確？　　　　　　　　　【適中】 (A) 底價決標前後，皆應保密 (B) 得於招標文件中公告底價 (C) 廠商投標文件，除公務上使用，或法令另有規定外應保守秘密 (D) 招標文件於公告前，為符合公開公平原則，不應保密

三十三、政府採購法第 104 條、政府採購法施行細則第 35 條

關鍵字與法條	條文內容
決標後得不予公開之敘述 【政府採購法#104】	1. 軍事機關之採購，應依本法之規定辦理。但武器、彈藥、作戰物資或與國家安全或國防目的有關之採購，而有下列情形者，不在此限。 　一、因應國家面臨戰爭、戰備動員或發生戰爭者，得不適用本法之規定。 　二、**機密或極機密之採購，得不適用第二十七條、第四十五條及第六十一條之規定。** 　三、確因時效緊急，有危及重大戰備任務之虞者，得不適用第二十六條、第二十八條及第三十六條之規定。 　四、以議價方式辦理之採購，得不適用第二十六條第三項本文之規定。 2. 前項採購之適用範圍及其處理辦法，由主管機關會同國防部定之，並送立法院審議。
決標後得不予公開之敘述 【政府採購法施行細則#35】	底價於決標後有下列情形之一者，得不予公開。但應通知得標廠商： 一、符合本法第一百零四條第一項第二款之採購。 二、**以轉售或供製造成品以供轉售之採購，其底價涉及商業機密者。** 三、**採用複數決標方式，尚有相關之未決標部分。**但於相關部分決標後，應予公開。 四、其他經上級機關認定者。

題庫練習：

（A）	有關底價於決標後得不予公開之敘述，下列何者錯誤？ 【適中】
	(A) 廠商提出決標爭議，仲裁尚未結束者
	(B) 機密或極機密之與國防目的有關之採購
	(C) 以轉售或供製造成品供轉售之採購，其底價涉及商業機密者
	(D) 採用複數決標方式，尚有相關之未決標部分

三十四、政府採購法第 46 條

關鍵字與法條	條文內容
底價之訂定時機 【政府採購法#46】	1. 機關辦理採購，除本法另有規定外，應訂定底價。底價應依圖說、規範、契約並考量成本、市場行情及政府機關決標資料逐項編列，由機關首長或其授權人員核定。 2. 前項**底價之訂定時機**，依下列規定辦理： 　一、公開招標應於開標前定之。 　二、選擇性招標應於資格審查後之下一階段開標前定之。 　三、限制性招標應於議價或比價前定之。

題庫練習：

（C）	依政府採購法之相關規定，下列何者錯誤？ 【簡單】
	(A) 本法所稱選擇性招標，指以公告方式預先依一定資格條件辦理廠商資格審查後，再行邀請符合資格之廠商投標
	(B) 本法所稱限制性招標，乃指不經公告程序，直接邀請二家以上廠商比價或僅邀請一家廠商進行議價
	(C) 政府採購之招標方式分為公開招標、選擇性招標及限制性招標等三種，其開標、比價或議價前，一律應先訂定底價
	(D) 本法所稱公開招標，指以公告方式邀請不特定廠商進行投標

三十五、政府採購法第 47 條

關鍵字與法條	條文內容
最有利標的敘述 【政府採購法#47】	1. 機關辦理下列採購，得不訂底價。但應於招標文件內敘明理由及決標條件與原則：

關鍵字與法條	條文內容
	一、訂定底價確有困難之特殊或複雜案件。 二、以最有利標決標之採購。 三、小額採購。 2. 前項第一款及第二款之採購，得規定廠商於投標文件內詳列報價內容。 3. 小額採購之金額，在中央由主管機關定之；在地方由直轄市或縣（市）政府定之。但均不得逾公告金額十分之一。地方未定者，比照中央規定辦理。

題庫練習：

（C）	依據政府採購法有關最有利標的敘述，下列何者錯誤？　　【簡單】 (A) 最有利標適用於異質之工程、財物或勞務採購 (B) 最有利標為決標的方式之一 (C) 最有利標的評審作業與最低標相同 (D) 最有利標決標時，不一定以最低標為得標廠商

三十六、政府採購法第 48 條

關鍵字與法條	條文內容
第二次招標得以開標之家數最少應達多少家？ 【政府採購法#48】	1. 機關依本法規定辦理招標，除有下列情形之一不予開標決標外，有三家以上合格廠商投標，即應依招標文件所定時間開標決標： 一、變更或補充招標文件內容者。 二、發現有足以影響採購公正之違法或不當行為者。 三、依第八十二條規定暫緩開標者。 四、依第八十四條規定暫停採購程序者。 五、依第八十五條規定由招標機關另為適法之處置者。 六、因應突發事故者。 七、採購計畫變更或取銷採購者。 八、經主管機關認定之特殊情形。 2. 第一次開標，因未滿三家而流標者，**第二次招標之等標期間得予縮短，並得不受前項三家廠商之限制。**

題庫練習：

（D）	機關依政府採購法招標，第一次開標因未滿三家而流標者，第二次招標得以開標之家數最少應達多少家？　　　　　　　　　　【適中】 (A) 一　 (B) 二　 (C) 三　 (D) 四

三十七、政府採購法第 64 條

關鍵字與法條	條文內容
終止或解除部分或全部契約 【政府採購法#64】	採購契約得訂明因政策變更，廠商依契約繼續履行反而不符公共利益者，機關得報經上級機關核准，終止或解除部分或全部契約，並補償廠商因此所生之損失。

題庫練習：

（A）	依政府採購法規定，採購契約得訂明因政策變更，廠商依契約繼續履行反而不符公共利益者，機關得經下列何程序，終止或解除部分或全部契約？　　　　　　　　　　　　　　　　　　　　【簡單】 (A) 經上級機關核准　　　　　(B) 經機關首長核准 (C) 經監辦單位核定　　　　　(D) 經監造單位審查

三十八、政府採購法施行細則第 64-2 條

關鍵字與法條	條文內容
機關採最有利標方式 【政府採購法施行細則 #64-2】	1. 機關依本法第五十二條第一項第一款或第二款辦理採購（**異質之工程、財物或勞務採購**），得於招標文件訂定評分項目、各項配分、及格分數等審查基準，並成立審查委員會及工作小組，採評分方式審查，就資格及規格合於招標文件規定，且總平均評分在及格分數以上之廠商開價格標，採最低標決標。 2. 依前項方式辦理者，應依下列規定辦理： 　一、分段開標，最後一段為價格標。 　二、評分項目不包括價格。 　三、審查委員會及工作小組之組成、任務及運作，準用採購評選委員會組織準則、採購評選委員會審議規則及**最有利標評選辦法**之規定。

題庫練習：

（A）	依政府採購法，機關採最有利標方式決標時，必須符合下列何項條件？ 【適中】
	(A) 異質工程　(B) 國防工程　(C) 災後工程　(D) 優質工程

三十九、政府採購法第 65、66、67 條

關鍵字與法條	條文內容
得標廠商與轉包分包廠商之責任與義務 【政府採購法 #65、66、67】	【政府採購法 #65】 1. 得標廠商應自行履行工程、勞務契約，不得轉包。 2. 前項所稱轉包，指將原契約中應自行履行之全部或其主要部分，由其他廠商代為履行。 3. 廠商履行財物契約，其需經一定履約過程，非以現成財物供應者，準用前二項規定。
	【政府採購法 #66】 1. 得標廠商違反前條規定轉包其他廠商時，機關得解除契約、終止契約或沒收保證金，並得要求損害賠償。 2. 前項轉包廠商與得標廠商對機關負連帶履行及賠償責任。再轉包者，亦同。
	【政府採購法 #67】 1. 得標廠商得將採購分包予其他廠商。稱分包者，謂非轉包而將契約之部分由其他廠商代為履行。 2. 分包契約報備於採購機關，並經得標廠商就分包部分設定權利質權予分包廠商者，民法第五百十三條之抵押權及第八百十六條因添附而生之請求權，及於得標廠商對於機關之價金或報酬請求權。 3. 前項情形，分包廠商就其分包部分，與得標廠商連帶負瑕疵擔保責任。

題庫練習：

（C）	政府採購法規定，有關得標廠商與轉包分包廠商之責任與義務，下列敘述何者錯誤？ 【適中】
	(A) 分包廠商就其分包部分，與得標廠商連帶負瑕疵擔保責任
	(B) 得標廠商就分包部分設定權利質權予分包廠商後，如得標廠商沒有依約給付分包部分工程款，分包廠商得直接向採購機關請求給付

(C) 轉包廠商就其轉包部分負擔保責任，不與得標廠商負連帶履行及賠償責任

(D) 分包廠商須具備履行契約分包事項能力及依法登記或設立之廠商

四十、政府採購法第 72 條

關鍵字與法條	條文內容
拆驗或化驗 【政府採購法#72】	1. 機關辦理驗收時應製作紀錄，由參加人員會同簽認。驗收結果與契約、圖說、貨樣規定不符者，應通知廠商限期改善、拆除、重作、退貨或換貨。 　　**其驗收結果不符部分非屬重要，而其他部分能先行使用，並經機關檢討認為確有先行使用之必要者，得經機關首長或其授權人員核准，就其他部分辦理驗收並支付部分價金** (D)。 2. **驗收結果與規定不符，而不妨礙安全及使用需求，亦無減少通常效用或契約預定效用，經機關檢討不必拆換或拆換確有困難者，得於必要時減價收受** (C)。其在查核金額以上之採購，應先報經上級機關核准；未達查核金額之採購，應經機關首長或其授權人員核准。 3. **驗收人對工程、財物隱蔽部分，於必要時得拆驗或化驗。**

題庫練習：

（B）	有關機關辦理驗收事項之敘述，下列何者正確？　　【困難】 (A) 機關承辦採購單位之人員，可為所辦採購之檢驗人，但不可擔任主驗人 (B) 採購事項單純者，免會驗人員 (C) 部分驗收不符，但機關認為其他部分能先行使用，仍不得先行使用，並俟完全驗收完竣，付款後方得使用 (D) 驗收結果與規定不符，政府採購法規定並無減價收受之可能，以確保契約及圖說之執行

四十一、政府採購法第 74 條

關鍵字與法條	條文內容
提出異議及申訴 【政府採購法#74】	廠商與機關間關於**招標**、**審標**、**決標**之爭議，得依本章規定提出異議及申訴。

題庫練習：

（D）	依政府採購法規定，廠商與機關間之爭議，下列何者非屬依規定得提出異議及申訴之項目？　　　　　　　　　　　　【困難】 (A) 招標　(B) 審標　(C) 決標　(D) 履約

四十二、政府採購法第 111 條

關鍵字與法條	條文內容
逐年向主管機關提報使用情形及其效益分析 【政府採購法#111】	1. 機關辦理**巨額採購**，應於使用期間內，**逐年向主管機關提報使用情形及其效益分析**。主管機關並得派員查核之。 2. 主管機關每年應對已完成之重大採購事件，作出效益評估；除應秘密者外，應刊登於政府採購公報。

題庫練習：

（C）	依政府採購法規定，機關辦理下列那種採購，應於使用期間內，逐年向主管機關提報使用情形及其效益分析？　　　　　　【適中】 (A) 查核金額採購　(B) 公告金額採購　(C) 巨額採購　(D) 小額採購

四十三、政府採購法第 75 條

關鍵字與法條	條文內容
提出異議者 【政府採購法#75】	1. 廠商對於機關辦理採購，認為違反法令或我國所締結之條約、協定（以下合稱法令），致損害其權利或利益者，得於下列期限內，以書面向招標機關提出異議： 　一、對招標文件規定提出異議者，為自公告或邀標之次日起等標期之四分之一，其尾數不足一日者，以一日計。但不得少於十日。

	二、對招標文件規定之釋疑、後續說明、變更或補充提出異議者，為接獲機關通知或機關公告之次日起十日。
	三、對採購之過程、結果**提出異議者，為接獲機關通知或機關公告之次日起十日**。其過程或結果未經通知或公告者，為知悉或可得而知悉之次日起十日。但至遲不得逾決標日之次日起十五日。
	2. 招標機關應自收受異議之次日起十五日內為適當之處理，並將處理結果以書面通知提出異議之廠商。其處理結果涉及變更或補充招標文件內容者，除選擇性招標之規格標與價格標及限制性招標應以書面通知各廠商外，應另行公告，並視需要延長等標期。

題庫練習：

（B）	廠商對於機關辦理採購，認為違反法令致損害其權利或利益者，得於一定期限內以書面向招標機關　提出異議；如對招標文件規定提出異議，且假設等標期為 28 日，則應自公告之次日起多少天內提出異議？【困難】 (A) 14　(B) 10　(C) 7　(D) 4

四十四、政府採購法第 85-1 條

關鍵字與法條	條文內容
履約爭議未能達成協議者 【政府採購法 #85-1】	1. 機關與廠商因**履約爭議未能達成協議者**，得以下列方式之一處理： 一、向採購申訴審議委員會申請調解。 二、向仲裁機構提付仲裁。 2. 前項調解**屬廠商申請者，機關不得拒絕。工程及技術服務採購之調解，採購申訴審議委員會應提出調解建議或調解方案；其因機關不同意致調解不成立者，廠商提付仲裁，機關不得拒絕。** 3. 採購申訴審議委員會辦理調解之程序及其效力，除本法有特別規定者外，準用民事訴訟法有關調解之規定。 4. 履約爭議調解規則，由主管機關擬訂，報請行政院核定後發布之。

題庫練習：

（B）　有關政府採購法之法條敘述，下列何者正確？　　　　　　　【適中】
　　　（A）採購異議申訴審議委員會委員組成，由主管機關及直轄市、縣（市）
　　　　　　政府聘請社會賢達之公正人士擔任
　　　（B）履約爭議調解屬廠商申請者，機關不得拒絕；爭議經採購申訴審議委
　　　　　　員會提出調解建議或調解方案，因機關不同意致調解不成立者，廠商
　　　　　　提付仲裁，機關不得拒絕
　　　（C）在查核金額以上之採購，其驗收結果與規定不符，而不妨礙安全及使
　　　　　　用需求，經機關檢討不必拆換者，得減價收受，且隨後向上級機關報
　　　　　　備之
　　　（D）機關辦理查核金額以上採購作業，應報請上級機關派員監辦。前述查
　　　　　　核金額就勞務採購規定為新臺幣一百萬元

四十五、政府採購法第 93-1、94、103 條

關鍵字與法條	條文內容
電子化資料並視同正式文件 【政府採購法 #93-1】	1. **機關辦理採購，得以電子化方式為之，其電子化資料並視同正式文件**，得免另備書面文件。 2. 前項以電子化方式採購之招標、領標、投標、開標、決標及費用收支作業辦法，由主管機關定之。
專家學者人數不得少於三分之一 【政府採購法 #94】	1. 機關辦理評選，**應成立五人以上之評選委員會，專家學者人數不得少於三分之一**，其名單由主管機關會同教育部、考選部及其他相關機關建議之。 2. 前項所稱專家學者，不得為政府機關之現職人員。 3. 評選委員會組織準則及審議規則，由主管機關定之。
刊登於政府採購公報之廠商 【政府採購法 #103】	1. 依前條第三項規定刊登於政府採購公報之廠商，於下列期間內，**不得參加投標或作為決標對象或分包廠商**： 一、有第一百零一條第一項第一款至第五款、第十五款情形或第六款判處有期徒刑者，自刊登之次日起三年。但經判決撤銷原處分或無罪確定者，應註銷之。 二、有第一百零一條第一項第十三款、第十四款情形或第六款判處拘役、罰金或緩刑者，自刊登之次日起一年。**但經判決撤銷原處分或無罪確定者，應註銷之。** 三、有第一百零一條第一項第七款至第十二款情形者，於通知日起前五年內未被任一機關刊登者，自刊登之次日起三個月；已被任一機關刊登一次者，自刊登之次日起六個月；

關鍵字與法條	條文內容
	已被任一機關刊登累計二次以上者，自刊登之次日起一年。但經判決撤銷原處分者，應註銷之。 2. 機關因特殊需要，而有向前項廠商採購之必要，經上級機關核准者，不適用前項規定。 3. 本法中華民國一百零八年四月三十日修正之條文施行前，已依第一百零一條第一項規定通知，但處分尚未確定者，適用修正後之規定。

題庫練習：

（B）	有關政府採購法第 8 章附則之敘述，下列何者錯誤？　　【適中】 (A) 機關辦理採購，得以電子化方式為之，其電子化資料並視同正式文件，得免另備書面文件 (B) 機關辦理評選，應成立 5 人至 13 人評選委員會，專家學者人數不得少於四分之一 (C) 第 103 條規定刊登於政府採購公報之廠商，於規定期間內，不得參加投標或作為決標對象或分包廠商 (D) 第 103 條規定刊登於政府採購公報之廠商，但經判決撤銷原處分或無罪確定者，應註銷之

四十六、政府採購法施行細則第 99 條

關鍵字與法條	條文內容
辦理工程部分驗收 【政府採購法施行細則 #99】	機關辦理採購，**有部分先行使用之必要**或**已履約之部分有減損滅失之虞者**，應先就該部分辦理驗收或分段查驗供驗收之用，並得就該部分支付價金及起算保固期間。

題庫練習：

（C）	有關機關得辦理工程部分驗收之敘述，下列何者錯誤？　　【適中】 (A) 已履約之部分有減損滅失之虞時 (B) 有部分先行使用之必要時 (C) 可加速執行機關列管預算時 (D) 相關使用執照可以取得時

四十七、政府採購法第 105 條

關鍵字與法條	條文內容
不適用政府採購法？ 【政府採購法 #105】	1. 機關辦理下列採購，得不適用本法招標、決標之規定。 　一、**國家遇有戰爭、天然災害、癘疫或財政經濟上有重大變故，需緊急處置之採購事項。** 　二、人民之生命、身體、健康、財產遭遇緊急危難，需緊急處置之採購事項。 　三、公務機關間財物或勞務之取得，經雙方直屬上級機關核准者。 　四、依條約或協定向國際組織、外國政府或其授權機構辦理之採購，其招標、決標另有特別規定者。 2. 前項之採購，有另定處理辦法予以規範之必要者，其辦法由主管機關定之。

題庫練習：

（D）	下列何者得不適用政府採購法？①颱風受災區之搶修工程②口蹄疫區疫苗之採購案③立法院開 議前之整修工程④雙十國慶觀禮台工程 (A)①③　(B)②④　(C)③④　(D)①②

四十八、政府採購法第 103 條

關鍵字與法條	條文內容
1 年內不得參加投標或作為決標對象或分包廠商 【政府採購法 #103】	1. 依前條第三項規定刊登於政府採購公報之廠商，於下列期間內，不得參加投標或作為決標對象或分包廠商： 　一、有第一百零一條第一項第一款至第五款、第十五款情形或第六款判處有期徒刑者，自刊登之次日起三年。但經判決撤銷原處分或無罪確定者，應註銷之。 　二、有第一百零一條第一項第十三款、第十四款情形或第六款判處拘役、罰金或緩刑者，自刊登之次日起一年。但經判決撤銷原處分或無罪確定者，應註銷之。 　三、有第一百零一條第一項第七款至第十二款情形者，於通知日起前五年內未被任一機關刊登者，自刊登之次日起三個月；已被任一機關刊登一次者，自刊登之次日起六個月；已被任一機關刊登累計二次以上者，自刊登之次日起一年。但經判決撤銷原處分者，應註銷之。 2. 機關因特殊需要，而有向前項廠商採購之必要，經上級機關核准者，不適用前項規定。

關鍵字與法條	條文內容
	3. 本法中華民國一百零八年四月三十日修正之條文施行前，已依第一百零一條第一項規定通知，但處分尚未確定者，適用修正後之規定。

題庫練習：

（B）	政府採購法規定，有關轉包之敘述，下列何者錯誤？　　【簡單】 (A) 轉包指將原契約中應自行履行之部分，由其他廠商代為履行 (B) 分包得將勞務採購契約之主要部分由其他廠商代為履行 (C) 違反轉包規定並依規定刊登於政府採購公報者，於 1 年內不得參加投標或作為決標對象或分包廠商 (D) 得標廠商違反轉包規定，機關得解除契約、終止契約、沒收保證金、損害賠償

四十九、政府採購法施行細則第 111 條

關鍵字與法條	條文內容
延誤履約期限情節重大之敘述 【政府採購法施行細則 #111】	第 1 項規定「本法第 101 條第 1 項第 10 款所稱延誤履約期限情節重大者，機關得於招標文件載明其情形。其未載明者，於**巨額工程採購，指履約進度落後百分之十以上**；於其他採購，**指履約進度落後百分之二十以上，且日數達十日以上。**」

題庫練習：

（B）1.	政府採購法第 101 條規定，因可歸責於廠商之事由，致延誤履約期限，情節重大者，得依規定及程序將廠商刊登政府採購公報，所謂延誤履約期限情節重大之敘述下列何者正確？　　【適中】 (A) 招標文件未載明者，機關得與廠商協議認定之 (B) 巨額工程採購，履約進度落後 10% 以上 (C) 非巨額工程採購，履約進度落後 15%，且日數達 10 日 (D) 已完成履約但逾履約期限 10% 以下，且未超過 10 日
（B）2.	政府採購法第 101 條所稱延誤履約期限情節重大者，機關得於招標文件載明其情形；其未載明者，於巨額工程採購，履約進度落後至少百分之多少以上屬前述情節重大者？　　【適中】 (A) 5　(B) 10　(C) 15　(D) 20

五十、政府採購法施行細則第 20、21 條、政府採購法第 21 條

關鍵字與法條	條文內容
有效期未逾三年 【政府採購法施行細則 #20】	1. 機關辦理**選擇性招標**，其預先辦理資格審查所建立之合格廠商名單，有效期逾一年者，應逐年公告辦理資格審查，並檢討修正既有合格廠商名單。 2. 前項名單之**有效期未逾三年**，且已於辦理資格審查之公告載明不再公告辦理資格審查者，於有效期內得免逐年公告。但機關仍應逐年檢討修正該名單。 3. 機關於合格廠商名單有效期內發現名單內之廠商有不符合原定資格條件之情形者，得限期通知該廠商提出說明。廠商逾期未提出合理說明者，機關應將其自合格廠商名單中刪除。
邀請所有符合資格之廠商投標 【政府採購法施行細則 #21】	機關為**特定個案辦理選擇性招標**，應於辦理廠商資格審查後，邀請所有符合資格之廠商投標。
應建立六家以上之合格廠商名單 【政府採購法 #21】	1. 機關為辦理選擇性招標，得預先辦理資格審查，建立合格廠商名單。但仍應隨時接受廠商資格審查之請求，並定期檢討修正合格廠商名單。未列入合格廠商名單之廠商請求參加特定招標時，機關於不妨礙招標作業，並能適時完成其資格審查者，於審查合格後，邀其投標。 2. **經常性採購，應建立六家以上之合格廠商名單。** 3. 機關辦理選擇性招標，應予經資格審查合格之廠商平等受邀之機會。

題庫練習：

（D）	依政府採購法及相關規定，有關選擇性招標之敘述，下列何者錯誤？ 【適中】 (A) 選擇性招標得預先辦理資格審查，建立合格廠商名單 (B) 投標文件審查，須費時長久始能完成者得採選擇性招標 (C) 為特定個案辦理選擇性招標，應於辦理廠商資格審查後，邀請所有符合資格之廠商投標 (D) 經常性採購，應建立 6 家以上之合格廠商名單，有效期逾 3 年者，應逐年公告辦理資格審查

五十一、政府採購法招標期限標準規定第 2 條

政府採購法掃標期限標準規定一覽表

條款	類別	最短等標期（公告天次）			說明
		第一次	第二次	第三次以後	
．公開招標					流標者，第二次招標之等標期得縮短至第一次者之二分之一，但不得少於十日；其後招標之等標期，不得少於三日。 條約或協定另有規定，依其規定。
一	未達查核金額	14	10	3	
	查核金額以上未達巨額	21	11	3	
	特殊或巨額	28	14	3	
二	我國締結條約或協定	40	20	3	
．選擇性招標（廠商資格預先審查）					流標者，第二次以後招標之等標期限同「公開招標」之規定。 條約或協定另有規定，依其規定。
三	未達巨額	14	10	3	
	特殊或巨額	21	11	3	
	我國締結條約或協定	25	13	3	
．經常性採購					流標者，第二次以後招標之等標期限準用「公開招標」之規定。 另有議定者不在此限。
四	經常性採購（首次採購）	14	10	3	
	經常性採購（後續採購）	10	10	3	
．選擇性招標邀合格廠商投標					
五	投標文件審查，須費時長久始能完成者	適用「公開招標」等標期之規定。	準備「公開招標」等標期之規定。		
	廠商準備投標需高額費用者				
	廠商資格條件複雜者				
．特殊情形					

條款	類別	最短等標期（公告天次）			說明
		第一次	第二次	第三次以後	
六、十	變更或補充招標文件（非重大改變）	截止日前五日公告或書面通知廠商，得免延長等標期。	視需要延長之。	視需要延長之。	
七	截止投標或收件期限前取消招標六個月內重行招標	14	10	3	得考量取消前已公告或邀標之日數。
八	截止投標或收件期限後開標前不予開標		10	3	視為已完成第一次招標程序。
九	廢標之重行招標	廢標當次等標期的二分之一≧10	3	3	實際已完成第一次招標程序，故重行招標之第一次及其後續招標，依個案第二次抬標以後等標期限規定。

關鍵字與法條	條文內容
【政府採購法招標期限標準規定 #2】	機關辦理公開招標，其公告自刊登政府採購公報日起至截止投標日止之等標期，應視案件性質與廠商準備及遞送投標文件所需時間合理訂定之。 前項等標期，除本標準或我國締結之條約或協定另有規定者外，不得少於下列期限： 一、未達公告金額之採購：七日。 二、公告金額以上未達查核金額之採購：十四日。 三、查核金額以上未達巨額之採購：二十一日。
採購金額認定	巨額金額＞查核金額＞公告金額 (1) 公告金額：工程、財物、勞務等採購，均為新臺幣 150 萬元。 (2) 查核金額：工程採購（5000 萬）、財務採購（5000 萬）、勞務採購（1000 萬）。 (3) **巨額金額**：工程採購（2 億）、財務採購（1 億）、**勞務採購**（2000 萬）。

題庫練習：

（C）	某公立大學依照政府採購法之規定，公開徵選建築師，其設計監造費用為新臺幣五千萬元，其等標期最短不得少於多少天？　　　【適中】 (A) 14　(B) 21　(C) 28　(D) 30

五十二、最有利標評選辦法第 5、17、22 條

關鍵字與法條	條文內容
最有利標之評選項目及子項？ 【最有利標評選辦法 #5】	最有利標之評選項目及子項，得就下列事項擇定之： 一、技術。如技術規格性能、專業或技術人力、專業能力、如期履約能力、技術可行性、設備資源、訓練能力、維修能力、施工方法、經濟性、標準化、輕薄短小程度、使用環境需求、環境保護程度、景觀維護、文化保存、自然生態保育、考量弱勢使用者之需要、計畫之完整性或對本採購之瞭解程度等。 二、品質。如品質管制能力、檢驗測試方法、偵錯率、操作容易度、維修容易度、精密度、安全性、穩定性、可靠度、美觀、使用舒適度、故障率、耐用性、耐久性或使用壽命等。 三、功能。如產能、便利性、多樣性、擴充性、相容性、前瞻性或特殊效能等。 四、管理。如組織架構、人員素質及組成、工作介面處理、期程管理、履約所需採購作業管理、工地管理、安全衛生管理、安全維護、會計制度、**財務狀況**、財務管理、計畫管理能力或分包計畫等。 五、商業條款。如履約期限、付款條件、廠商承諾給付機關情形、維修服務時間、售後服務、保固期或文件備置等。 六、**過去履約績效**。如履約紀錄、經驗、實績、法令之遵守、**使用者評價**、如期履約效率、履約成本控制紀錄、勞雇關係或人為災害事故等情形。 七、價格。如總標價及其組成之正確性、完整性、合理性、超預算或超底價情形、折讓、履約成本控制方式、後續使用或營運成本、維修成本、殘值、報廢處理費用或成本效益等。 八、財務計畫。如本法第九十九條開放廠商投資興建、營運案件之營運收支預估、資金籌措計畫、分年現金流量或投資效益分析等。 九、其他與採購之功能或效益相關之事項。

關鍵字與法條	條文內容
評定最有利標價格納入評分時，價格所占總滿分之比率【最有利標評選辦法 #17】	評定最有利標涉及序位評比者，招標文件應載明下列事項： 一、各評比項目之權重。其子項有權重者，亦應載明。 二、序位評比結果或各評選項目之評比結果合格或不合格情形。 三、序位評比結果不合格者，不得作為協商對象或最有利標。 個別子項不合格即不得作為協商對象或最有利標者，應於招標文件載明。 **價格納入評比者，其所占全部評選項目之權重，不得低於百分之二十，且不得逾百分之五十**
廠商報價逾底價須減價者，何時辦理洽減之？【最有利標評選辦法 #22】	機關採最有利標決標，以不訂底價為原則；其訂有底價，而廠商報價逾底價須減價者，於採行**協商措施時洽減之**，並適用本法第五十三條第二項之規定。

題庫練習：

（D）1. 依據最有利標評選辦法，下列何者不應屬於最有利標之評選項目及子項？　　　　　　　　　　　　　　　　　　　　　　　　【非常簡單】
(A) 過去履約績效　　　　　　　　　(B) 使用者評價
(C) 財務狀況　　　　　　　　　　　(D) 員工薪資待遇

（B）2. 依最有利標評選辦法，評定最有利標價格納入評分時，價格所占總滿分之比率，下列何者錯誤？　　　　　　　　　　　　　　　【困難】
(A) 45%　(B) 15%　(C) 35%　(D) 25%

（C）3. 依最有利標評選辦法規定，機關採最有利標決標；其訂有底價，而廠商報價逾底價須減價者，何時辦理洽減之？　　　　　　　【簡單】
(A) 於服務建議書中敘明每次洽減額度，並由機關檢閱
(B) 評選會議進行時
(C) 採行協商措施時
(D) 簽約後

五十三、政府採購法採購評選委員會組織準則第 4 條

關鍵字與法條	條文內容
評選委員名單產生方式？ 【政府採購法採購評選委員會組織準則 #4】	1. 本委員會置委員五人以上，由機關就具有與採購案相關專門知識之人員派兼或聘兼之，其中專家、學者人數不得少於三分之一。 前項專家、學者之委員，不得為政府機關之現職人員；專家、學者以外之委員，得為機關之現職人員，並得包括其他機關之現職人員。 2. 第一項人員為無給職；聘請國外專家或學者來臺參與評選者，得依規定支付相關費用。 3. 第一項專家、學者，由機關需求或承辦採購單位參考主管機關會同教育部、考選部及其他相關機關所建立之建議名單，或自行提出建議名單以外，具有與採購案相關專門知識之人員，簽報機關首長或其授權人員核定。 前項建議名單，由主管機關公開於資訊網路，供機關參考。 機關擬聘兼之委員，應經其同意。

題庫練習：

（C）　依政府採購法採購評選委員會組織準則，下列何者不是評選委員名單產生方式？　　　　　　　　　　　　　　　　　　【非常困難】
　　　(A) 由主管機關會同相關機關建立之建議名單中列出遴選名單，簽報機關首長核定
　　　(B) 可不受由主管機關會同相關機關建立之建議名單之限制，機關可自行遴選決定
　　　(C) 依個案性質由相關公會依比例推薦委員決定
　　　(D) 依委員能力及表現由機關決定是否遴聘

五十四、機關委託技術服務廠商評選及計費辦法第 31 條

關鍵字與法條	條文內容
廠商評選及計費辦法，有關服務費用 【機關委託技術服務廠商評選及計費辦法 #31】	服務費用有下列情形之一者，應予另加： 一、於設計核准後須變更者。 二、超出技術服務契約或工程契約規定施工期限所需增加之監造、專案管理及相關費用。 三、修改招標文件重行招標之服務費用。

關鍵字與法條	條文內容
	四、**超過契約內容之設計報告製圖、送審、審圖等相關費用。** 前項各款另加之費用，得按服務成本加公費法計算或與廠商另行議定。 第一項各款另加之費用，以**不可歸責於廠商之事由**，且經機關審查同意者為限。

題庫練習：

（C）1. 依機關委託技術服務廠商評選及計費辦法，有關服務費用之另加，下列敘述何者錯誤？　　　　　　　　　　　　　【簡單】
(A) 超過契約內容之設計報告送審相關費用
(B) 設計核准後須變更者
(C) 製作施工規範超過一定頁數之服務費用
(D) 超出工程契約規定施工期限所需增加之監造、專案管理及相關費用

（A）2. 依據機關委託技術服務廠商評選及計費辦法，下列何者應另予增加費用？①於設計核准後須變更者②修改招標文件重行招標之服務費用③超過契約內容之設計報告製圖、送審、審圖等相關費用④辦理都市設計審議費用　　　　　　　　　　　　　　　　　　　【適中】
(A)①②③　　(B)②③④　　(C)①③④　　(D)①②④

（C）3. 服務費用在特殊情況且不可歸責於廠商之事由前提下得予另加，但不包含下列何者？　　　　　　　　　　　　　　　　　【適中】
(A) 超出契約規定施工期限所須增加之監造及相關費用
(B) 法律服務費用
(C) 參與驗收之費用
(D) 重行招標之服務費用

五十五、機關委託技術服務廠商評選及計費辦法第 29 條

關鍵字與法條	條文內容
建造費用百分比法可計入建造費用計算？ 【機關委託技術服務廠商評選及計費辦法 #29】	1. 機關委託廠商辦理技術服務，服務費用採建造費用百分比法計費者，其服務費率應按工程內容、服務項目及難易度，參考附表一至附表四，訂定建造費用之費率級距及各級費率，簽報機關首長或其授權人員核定，並於招標文件中載明。**服務項目屬附表所載不包括者**，其費用不含於建造費用百分比法計費範圍，應單獨列項供廠商報價，或參考第二十五條之一規定估算

關鍵字與法條	條文內容
	結果，於招標文件中載明固定費用。 2. 前項建造費用，指經機關核定之工程採購底價金額或評審委員會建議金額，**不包括**規費、規劃費、設計費、監造費、專案管理費、物價指數調整工程款、營業稅、土地及權利費用、法律費用、主辦機關所需工程管理費、承包商辦理工程之各項利息、保險費及招標文件所載其他除外費用。 3. 工程採購無底價且無評審委員會建議金額者，第一項建造費用以工程預算代之。但應扣除前項不包括之費用及稅捐等。 4. 第一項工程於履約期間有契約變更、終止或解除契約之情形者，服務費用得視實際情形協議增減之。其費用之計算由雙方協議依第二十五條規定之方式辦理。

題庫練習：

（C）1. 政府採購依建造費用百分比法給付服務費用時下列何者可計入建造費用計算？①機關工程管理費②承包商利潤③工務所建置費用④承包商財物損失險　　　　　　　　　　　　　　　　　　　　【適中】

(A) ①② 　(B) ①④ 　(C) ②③ 　(D) ③④

（B）2. 依建築物工程技術服務建造費用百分比上限參考表，申請公有建築物候選智慧建築證書或智慧建築標章之服務費用應如何計算？　【適中】

(A) 皆已含於參考表給付百分比內

(B) 皆不含於參考表給付百分比內

(C) 參考表給付百分比已含申請候選證書費用

(D) 參考表給付百分比已含申請標章之費用

五十六、機關委託技術服務廠商評選及計費辦法第 9 條

關鍵字與法條	條文內容
委託技術服務廠商評選及計費辦法中屬於專案管理之工作？ 【機關委託技術服務廠商評選及計費辦法 #9】	機關委託廠商辦理專案管理，得依採購案件之特性及實際需要，就下列服務項目擇定之： 一、可行性研究之諮詢及審查： （一）計畫需求之評估。 （二）可行性報告、環境影響說明書及環境影響評估報告書之審查。 （三）方案之比較研究或評估。 （四）財務分析及財源取得方式之建議。

關鍵字與法條	條文內容
	（五）初步預算之擬訂。 （六）計畫綱要進度表之編擬。 （七）設計需求之評估及建議。 （八）專業服務及技術服務廠商之甄選建議及相關文件之擬訂。 （九）用地取得及拆遷補償分析。 （十）資源需求來源之評估。 （十一）其他與可行性研究有關且載明於招標文件或契約之專案管理服務。 二、規劃之諮詢及審查： （一）規劃圖說及概要說明書之諮詢及審查。 （二）都市計畫、區域計畫或水土保持計畫等規劃之諮詢及審查。 （三）設計準則之審查。 （四）規劃報告之諮詢及審查。 （五）其他與規劃有關且載明於招標文件或契約之專案管理服務。 三、設計之諮詢及審查： （一）專業服務及技術服務廠商之工作成果審查、工作協調及督導。 （二）材料、設備系統選擇及採購時程之建議。 （三）計畫總進度表之編擬。 **（四）設計進度之管理及協調。** （五）設計、規範（含綱要規範）與圖樣之審查及協調。 （六）設計工作之品管及檢核。 （七）施工可行性之審查及建議。 （八）專業服務及技術服務廠商服務費用計價作業之審核。 **（九）發包預算之審查。** （十）發包策略及分標原則之研訂或建議，或分標計畫之審查。 （十一）文件檔案及工程管理資訊系統之建立。 （十二）其他與設計有關且載明於招標文件或契約之專案管理服務。 四、招標、決標之諮詢及審查： （一）招標文件之準備或審查。 （二）協助辦理招標作業之招標文件之說明、澄清、補充或修正。 （三）協助辦理投標廠商資格之訂定及審查作業。 （四）協助辦理投標文件之審查及評比。 （五）協助辦理契約之簽訂。 （六）協助辦理器材、設備、零件之採購。 （七）其他與招標、決標有關且載明於招標文件或契約之專案管理服務。

關鍵字與法條	條文內容
	五、施工督導與履約管理之諮詢及審查： （一）各工作項目界面之協調及整合。 （二）施工計畫、品管計畫、預訂進度、施工圖、器材樣品及其他送審資料之審查或複核。 （三）重要分包廠商及設備製造商資歷之審查或複核。 （四）施工品質管理工作之督導或稽核。 （五）工地安全衛生、交通維持及環境保護之督導或稽核。 （六）施工進度之查核、分析、督導及改善建議。 （七）施工估驗計價之審查或複核。 （八）契約變更之處理及建議。 （九）契約爭議與索賠案件之協助處理。但不包括擔任訴訟代理人。 （十）竣工圖及結算資料之審定或複核。 （十一）給排水、機電設備、管線、各種設施測試及試運轉之督導及建議。 （十二）協助辦理工程驗收、移交作業。 （十三）設備運轉及維護人員訓練。 （十四）維護及運轉手冊之編擬或審定。 （十五）特殊設備圖樣之審查、監造、檢驗及安裝之監督。 （十六）計畫相關資料之彙整、評估及補充。 （十七）其他與施工督導及履約管理有關且載明於招標文件或契約之專案管理服務。 機關委託廠商辦理前項專案管理，得視工程性質及實際需要，將第七條第一項之監造服務項目，與前項第五款之服務項目整合，並排除重複及利益衝突情形後，一併委託辦理。

題庫練習：

（C）	下列何者為機關委託技術服務廠商評選及計費辦法中屬於專案管理之工作？①設計進度之管理及協調②施工計畫之擬訂③發包預算之審查④設計工作之品管及檢核 (A)①②③　(B)②③④　(C)①③④　(D)①②④

五十七、機關委託技術服務廠商評選及計費辦法第 25 條

關鍵字與法條	條文內容
計費方法 【機關委託技術服務廠商評選及計費辦法 #25】	機關委託廠商辦理技術服務，其服務費用之計算，應視技術服務類別、性質、規模、工作範圍、工作區域、工作環境或工作期限等情形，就下列方式擇定一種或二種以上符合需要者訂明於契約： 一、服務成本加公費法。 二、建造費用百分比法。 三、按月、按日或按時計酬法。 四、總包價法或單價計算法。 依前項計算之服務費用，應參酌一般收費情形核實議定。其必須核實另支費用者，應於契約內訂明項目及費用範圍。

題庫練習：

（C）	機關委託廠商辦理技術服務，依機關委託技術服務廠商評選及計費辦法其服務費用之計算方式，下列何者錯誤？　　　　　　【適中】 (A) 建造費用百分比法　　　　　(B) 總包價法 (C) 實支實報法　　　　　　　　(D) 按時計酬法

五十八、機關委託技術服務廠商評選及計費辦法第 33、22 條

關鍵字與法條	條文內容
【機關委託技術服務廠商評選及計費辦法 #33】	服務須縮短時間完成者，得按縮短時間之程度酌增費用，其所增費用得專案議定。(A) 重覆性工程服務採用相同之設計圖說者，其設計費用應酌予折減給付 (B)。
【機關委託技術服務廠商評選及計費辦法 #22】（廢除）	特殊工程或需要高度技術之服務案件，其服務費用得專案議定。(C) 服務須縮短時間完成者，得按縮短時間之程度酌增費用，其所增費用得專案議定。

題庫練習：

（D）	依「機關委託技術服務廠商評選及計費辦法」，下列何者錯誤？【適中】
	(A) 服務須縮短時間完成者，得按縮短時間之程度酌增費用，其所增費用得專案議定
	(B) 重覆性工程服務採用相同之設計圖說者，其設計費用應酌予折減給付
	(C) 特殊工程或需要高度技術之服務案件，其服務費用得專案議定
	(D) 品管人力之要求屬合約行為，委託人（甲方）可自行訂定

五十九、機關委託技術服務廠商評選及計費辦法第 13、12、29 條

關鍵字與法條	條文內容
適用於計畫性質複雜 【機關委託技術服務廠商評選及計費辦法 #13】	**服務成本加公費法 (A)**，適用於計畫性質複雜，服務費用不易確實預估或履約成果不確定之服務案件。
適用於工作範圍小 【機關委託技術服務廠商評選及計費辦法 #12】	**按月、按日或按時計酬法 (C)**，適用於工作範圍小，僅需少數專業工作人員作時間短暫之服務，或工作範圍及內容無法明確界定，致總費用難以正確估計者。
指經機關核定之工程採購底價金額或評審委員會建議金額 【機關委託技術服務廠商評選及計費辦法 #29】	**機關委託廠商辦理技術服務，服務費用採建造費用百分比法計費者 (B)**，其服務費率應按工程內容、服務項目及難易度，參考附表一至附表四，訂定建造費用之費率級距及各級費率，簽報機關首長或其授權人員核定，並於招標文件中載明。服務項目屬附表所載不包括者，其費用不含於建造費用百分比法計費範圍，應單獨列項供廠商報價，或參考第二十五條之一規定估算結果，於招標文件中載明固定費用。 前項建造費用，**指經機關核定之工程採購底價金額或評審委員會建議金額**，不包括規費、規劃費、設計費、監造費、專案管理費、物價指數調整工程款、營業稅、土地及權利費用、法律費用、主辦機關所需工程管理費、承包商辦理工程之各項利息、保險費及招標文件所載其他除外費用。 工程採購無底價且無評審委員會建議金額者，第一項建造費用以工程預算代之。但應扣除前項不包括之費用及稅捐等。 第一項工程於履約期間有契約變更、終止或解除契約之情形者，服務費用得視實際情形協議增減之。其費用之計算由雙方協議依第二十五條規定之方式辦理。

題庫練習：

(A) 下列何種計費方式適用於計畫性質複雜，服務費用不易確實預估或履約
成果不確定之服務？ 【適中】
(A) 服務成本加公費法 (B) 建造費用百分比法
(C) 按月、按日或按時計酬法 (D) 比較計算法

第八章　無障礙設施設計規範

一、建築物無障礙設施設計規範第 802、803.1、803.2.1、 804.1、804.2、805.1、805.2 條

關鍵字與法條	條文內容
無障礙停車位 【機關委託技術服務廠商評選及計費辦法 #802】	無障礙停車位應設於最靠近建築物無障礙出入口或無障礙昇降機之便捷處。
入口引導 【建築物無障礙設施設計規範#803.1】	入口引導：車道入口處及車道沿路轉彎處應設置明顯之指引標誌，引導無障礙停車位之方向及位置。入口引導標誌應與行進方向垂直，以利辨識。
設置車位豎立標誌 【建築物無障礙設施設計規範#803.2.1】	車位豎立標誌：應於室外停車位旁設置具夜光效果之無障礙停車位標示，標誌尺寸應為 40 公分 ×40 公分以上，下緣高度 190-200 公分（圖 803.2.1）。

關鍵字與法條	條文內容
無障礙汽車停車位之規定 【建築物無障礙設施設計規範#804.1】	單一停車位：汽車停車位長度不得小於 600 公分、**寬度不得小於 350 公分**，包括寬 150 公分的下車區，下車區斜線間淨距離為 40 公分以下，標線寬度為 10 公分（圖 804.1）。
無障礙汽車停車位之規定 【建築物無障礙設施設計規範#804.2】	相鄰停車位：相鄰停車位得共用下車區，長度不得小於 600 公分、寬度不得小於 550 公分，包括寬 150 公分的下車區（圖 804.2）。
無障礙機車停車位之規定 【建築物無障礙設施設計規範#805.1】	停車位：**機車位長度不得小於 220 公分，寬度不得小於 225 公分**，停車位地面上應設置無障礙停車位標誌，**標誌圖尺寸不得小於 90 公分 ×90 公分**（圖 805.1）。

關鍵字與法條	條文內容
	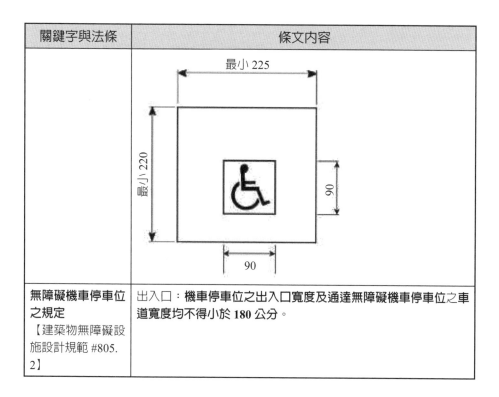
無障礙機車停車位之規定 【建築物無障礙設施設計規範 #805.2】	出入口：**機車停車位之出入口寬度及通達無障礙機車停車位之車道寬度均不得小於 180 公分。**

題庫練習：

（C）1. 有關無障礙停車位的設置規範，下列敘述何者正確？①無障礙停車位應設於最靠近建築物無障礙出入口或無障礙昇降機之位置②停車空間之入口引導標誌應與行進方向平行，以利辨識③在車道入口處及車道沿路轉彎處應設置明顯之指引標誌④汽車停車位長度不得小於 550 公分、寬度不得小於 300 公分　　　　　　　　　　　【簡單】

　　　　(A) ②④　　(B) ②③　　(C) ①③　　(D) ③④

（C）2. 依據建築物無障礙設施設計規範，有關無障礙汽車與無障礙機車停車位之規定，下列敘述何者錯誤？　　　　　　　　　　　　　【適中】

　　　　(A) 單一汽車停車位：汽車停車位長度不得小於 600 公分、寬度不得小於 350 公分

　　　　(B) 相鄰汽車停車位得共用下車區，長度不得小於 600 公分、寬度不得小於 550 公分

　　　　(C) 機車位長度不得小於 220 公分，寬度不得小於 200 公分

　　　　(D) 機車停車位之出入口寬度及通達無障礙機車停車位之車道寬度均不得小於 180 公分

（D）3. 有關無障礙停車位的設置規範，下列何者正確？①位於地下停車空間之無障礙停車位應設置車位豎立標誌②停車位之地坪應設置無障礙停車位標誌③停車位地坪面上標誌圖之尺寸不得小於 80 公分 ×80 公分④停車位地面高低差不得大於 0.5 公分，坡度不得大於 2%　【簡單】

(A) ①③　(B) ②③　(C) ①④　(D) ②④

（B）4. 有關公共建築物行動不便者使用設施規定之敘述，下列何者正確？

【簡單】

(A) 供行動不便者單獨使用之廁所其深度及寬度均不得小於 2 公尺

(B) 梯級未鄰接牆壁部分，應設置高出梯級 5 公分以上防護緣

(C) 供行動不便者使用之坡道，高低差 21 公分時，其坡度最大不得超過 1：10

(D) 供行動不便者使用之汽車停車位寬度應在 3.3 公尺以上

（A）5. 有關無障礙機車停車位的設置方式，下列敘述何者正確？　【適中】

(A) 停車位之出入口寬度不得小於 180 公分

(B) 通達無障礙機車停車位之車道寬度 150 公分

(C) 單一車位之長度為 220 公分，寬度為 200 公分

(D) 停車位地面上應設置無障礙停車位標誌，標誌圖設計尺寸為 60 公分 ×60 公分

（D）6. 關於無障礙機車停車位的出入口及通達無障礙機車位的車道寬度各不得小於多少 cm？　【簡單】

(A) 出入口寬度 150cm、車道寬度 150cm

(B) 出入口寬度 150cm、車道寬度 180cm

(C) 出入口寬度 180cm、車道寬度 150cm

(D) 出入口寬度 180cm、車道寬度 180cm

二、建築技術規則第 167-170 條、建築物無障礙設施設計規範第 204.2.2、204.2.3 條

關鍵字與法條	條文內容
室內通路走廊【建築技術規則 #167-170】	室內通路走廊：寬度 ≧ 120 公分

關鍵字與法條	條文內容
通路走廊寬度 【建築物無障礙設施設計規範 #204.2.2】	寬度：**通路走廊寬度不得小於 120 公分**，走廊中如有開門，則去除門扇開啓之空間後，其寬度不得小於 120 公分（圖 204.2.2）。 最小 120 最小 120　　最小 45
迴轉空間 【建築物無障礙設施設計規範 #204.2.3】	迴轉空間：寬度小於 150 公分之走廊，每隔 10 公尺、通路走廊盡頭或距盡頭 3.5 公尺以內，應有 150 公分 ×150 公分以上之迴轉空間。

題庫練習：

(D) 1. 無障礙設施之室內通路走廊寬度小於 150 公分時，通路走廊盡頭應有一多少範圍之迴轉空間？　　　　　　　　　　　　　　【簡單】
(A) 100 公分 ×100 公分　　　　(B) 120 公分 ×120 公分
(C) 130 公分 ×130 公分　　　　(D) 150 公分 ×150 公分

(C) 2. 建築物室內寬度小於 150 公分之走廊，通路走廊盡頭或距盡頭 350 公分以內，應設置直徑至少幾公分以上之迴轉空間？　　　　　【簡單】
(A) 90　　(B) 120　　(C) 150　　(D) 180

(D) 3. 依據建築技術規則所擬定之建築物無障礙設施設計規範內容，下列敘述何者正確？　　　　　　　　　　　　　　　　　　　　　【適中】
(A) 尺寸上若未註明「限定範圍」（如 a-b 公分）與最大或最小時，所

　　　　　　　有該項尺寸的誤差最多不得大於 5%

　　　　　　(B) 所有設施之設計規範尺寸誤差均不能大於 5%

　　　　　　(C) 無障礙通路應平整，因此室內外若產生 0.4 公分高低差則應視為不符法規定

　　　　　　(D) 走廊中無開門之室內通路走廊完工後實際淨寬度至少應為 120 公分

（D）4.　無障礙設施之室內通路走廊寬度小於 150 公分時，通路走廊盡頭應有一多少範圍之迴轉空間？　　　　　　　　　　　　　【簡單】

　　　　　　(A) 100 公分 × 100 公分　　　　(B) 120 公分 × 120 公分

　　　　　　(C) 130 公分 × 130 公分　　　　(D) 150 公分 × 150 公分

（B）5.　無障礙設施之室內通路走廊寬度依規定至少不得小於多少公分？【簡單】

　　　　　　(A) 100　(B) 120　(C) 130　(D) 150

（C）6.　依建築物無障礙設施設計規範設置室內通路，通路走廊如有開門，則扣除門扇開啓之空間後，其寬度至少不得小於多少公分？　　　【簡單】

　　　　　　(A) 90　(B) 100　(C) 120　(D) 135

三、建築物無障礙設施設計規範第 206.2.3、206.4.1、206.4.2、206.5.1、206.5.2、303.5.2、306 條

關鍵字與法條	條文內容
無障礙坡道之坡度【建築物無障礙設施設計規範 #206.2.3】	坡度：坡道之坡度（高度與水平長度之比）不得大於 1/12；高低差小於 20 公分者，其坡度得酌予放寬，惟不得超過下表規定。 	高低差	20 公分以下	5 公分以下	3 公分以下
---	---	---	---
坡度	1/10	1/5	1/2 | 補充說明： **108 年 7 月 1 日開始實施修正後【無障礙設計規範】** | 高低差	20 公分以下	超過 5 公分未達 20 公分者	超過 3 公分未達 5 公分者
---	---	---	---
坡度	1/12	1/10	1/5	
高度 5 公分之防護緣【建築物無障礙設施設計規範 #206.4.1】	坡道邊緣防護：高低差大於 20 公分者，未鄰牆壁之一側或兩側應設置不得小於**高度 5 公分之防護緣**，該防護緣在坡道側不得突出於扶手之垂直投影線外（圖 206.4.1.1）；或設置與地面淨距離不得大於 5 公分之防護桿（板）（圖 206.4.1.2）。

關鍵字與法條	條文內容
	防護緣不得超出扶手投影線 最小 5
護欄高度 【建築物無障礙設施設計規範 #206.4.2】	護欄：坡道高於鄰近地面 75 公分時，未臨牆之一側或兩側應設置高度不得小於 **110 公分**之**防護欄**；十層以上者，不得小於 120 公分（圖 206.4.2）。 最小 90／最小 110／75／大於 75／GL／最小 5
高差大於 20 公分應設置連續性扶手 【建築物無障礙設施設計規範 #206.5.1】	設置規定：**高低差大於 20 公分**之坡道，兩側皆應設置符合本規範規定之**連續性扶手**。扶手無需設置 30 公分以上之水平延伸。
設雙道扶手者，高度 【建築物無障礙設施設計規範 #206.5.2】	扶手高度：設單道扶手者，地面至扶手上緣**高度為 75 公分**；設**雙道扶手者，高度分別為 85 公分、65 公分**（圖 206.5.2）。

關鍵字與法條	條文內容
	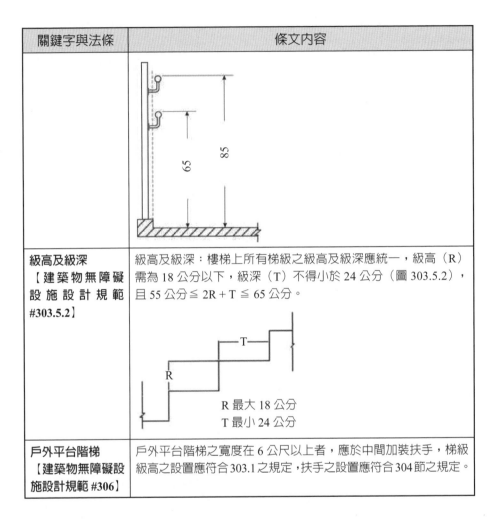
級高及級深 【建築物無障礙設施設計規範 #303.5.2】	級高及級深：樓梯上所有梯級之級高及級深應統一，級高（R）需為 18 公分以下，級深（T）不得小於 24 公分（圖 303.5.2），且 55 公分 ≦ 2R + T ≦ 65 公分。
戶外平台階梯 【建築物無障礙設施設計規範 #306】	戶外平台階梯之寬度在 6 公尺以上者，應於中間加裝扶手，梯級級高之設置應符合 303.1 之規定，扶手之設置應符合 304 節之規定。

題庫練習：

（A）1. 無障礙坡道之坡度，當高低差為 30 公分時，坡度至多不得大於下列何者？ 【非常簡單】
(A) 1/12　(B) 1/10　(C) 1/8　(D) 1/6

（E）2. 無障礙坡道之坡度，依規定至大不得大於多少斜率？ 【困難】
(A) 1：5　(B) 1：8　(C) 1：10　(D) 1：12　(E) 一律給分

（B）3. 有關公共建築物行動不便者使用設施規定之敘述，下列何者正確？ 【簡單】
(A) 供行動不便者單獨使用之廁所其深度及寬度均不得小於 2 公尺
(B) 梯級末鄰接牆壁部分，應設置高出梯級 5 公分以上防護緣

(C) 供行動不便者使用之坡道，高低差 21 公分時，其坡度最大不得超過 1：10

(D) 供行動不便者使用之汽車停車位寬度應在 3.3 公尺以上

（BD）4. 有關無障礙坡道之敘述，下列何者錯誤？　　　　　　　　　【困難】

(A) 無障礙坡道高低差大於 20 cm 以上者，其坡道之坡度不得大於 1/12

(B) 坡道未鄰牆之一側應設置不小於 110 cm 高之護欄，以防使用者往外摔

(C) 坡道兩側應設扶手，單道扶手上緣高 75 cm，雙道扶手上緣高 65 cm 及 85 cm

(D) 坡道既設有護欄，即可免設高度 5cm 以上之防護緣

（A）5. 無障礙坡道高低差大於多少公分，其兩側皆應設置符合規定之連續性扶手？　　　　　　　　　　　　　　　　　　　　　　　　　【適中】

(A) 20　(B) 30　(C) 45　(D) 60

（C）6. 依建築物無障礙設施設計規範，下列敘述何者正確？　　　【適中】

(A) 戶外平台階梯之寬度在 5 公尺以上者，應於中間加裝扶手 **(306)**

(B) 梯級級高之設置應符合級高（R）需為 20 公分以下，級深（T）不得小於 26 公分 **(303.5.2)**

(C) 其樓梯兩側應裝設距梯級鼻端高度 75-85 公分之扶手 **(304.1)**

(D) 二平台（或樓板）間之高差在 25 公分以下者，得不設扶手

四、建築物無障礙設施設計規範第 205.1、205.2.1、205.2.2、205.2.3 條

關鍵字與法條	條文內容
適用範圍 【建築物無障礙設施設計規範#205.1】	無障礙通路上之出入口、驗（收）票口及門之設計應符合本節規定。
通則 【建築物無障礙設施設計規範#205.2.1】	通則：出入口兩邊之地面 120 公分之範圍內應平整、堅硬、防滑，不得有高差，且**坡度不得大於 1/50**。
避難層出入口 【建築物無障礙設施設計規範#205.2.2】	避難層出入口：出入口前應設置平台，平台淨寬與出入口同寬，且不得小於 150 公分，淨深亦不得小於 150 公分，且坡度不得大於 1/50。地面順平避免設置門檻，外門可考慮設置溝槽防水（蓋版開口在主要行進方向之開口寬度應小於 1.3 公分，圖 203.2.5），

關鍵字與法條	條文內容
	若設門檻時，應為3公分以下，且門檻高度在0.5公分至3公分者，應作1/2之斜角處理，高度在0.5公分以下者得不受限制。
1. 門框間之距離 2. 折疊之門扇後之距離 【建築物無障礙設施設計規範#205.2.3】	室內出入口：門扇打開時，地面應平順不得設置門檻，**且門框間之距離不得小於90公分**；另折疊門應以推開後，扣除折疊之門扇後之距離**不得小於80公分**（圖205.2.3）。

題庫練習：

(C) 1. 無障礙室內出入口之門扇打開時，門框間之距離不得小於 X 公分，折疊門推開後扣除折疊之門扇後之距離不得小於 Y 公分，下列敘述何者正確？　　　　【簡單】
    (A) X = 90，Y = 90　　　　　　　(B) X = 100，Y = 90
    (C) X = 90，Y = 80　　　　　　　(D) X = 80，Y = 80

(A) 2. 無障礙通路有關出入口之敘述，下列何者錯誤？　　　　【簡單】
    (A) 其適用範圍不包括無障礙通路上之驗（收）票口
    (B) 出入口兩邊之地面 120 公分之範圍內應平整、堅硬、防滑，不得有高差，且坡度不得大於 1/50
    (C) 室內出入口之門扇打開時，地面應平順不得設置門檻，且門框間之距離不得小於 90 公分
    (D) 室內出入口之折疊門應以推開後，扣除折疊之門扇後之距離不得小於 80 公分

(C) 3. 建築物無障礙設施避難層出入口前應設置平台，平台淨寬與出入口同寬，且最大不得小於 X 公分，淨深最大不得小於 Y 公分，且坡度不得大於 1/Z，下列敘述何者正確？　　　　【簡單】

(A) X = 90，Y = 90，Z = 12　　　　(B) X = 120，Y = 120，Z = 20

(C) X = 150，Y = 150，Z = 50　　　(D) X = 180，Y = 150，Z = 30 標

（B）4.　供行動不便者使用之室內出入口，門框間淨寬度至少不得小於幾 cm？

【簡單】

(A) 80　(B) 90　(C) 100　(D) 120

（B）5.　供行動不便者使用之室內出入口之淨寬不得小於多少公分？　【簡單】

(A) 100　(B) 90　(C) 110　(D) 120

五、建築物無障礙設施設計規範第 504.1、506.5、504.4.1、505.2 條

關鍵字與法條	條文內容
迴轉空間 【建築物無障礙設施設計規範#504.1】	淨空間：廁所盥洗室空間內應設置迴轉空間，其直徑不得小於 150 公分（圖 504.1）。 150 最小 80
小於便器中心線 【建築物無障礙設施設計規範#506.5】	空間：設置小便器之淨空間，不得小於便器中心線**左右各 50 公分**（圖 506.5）。 50　50　37.5　37.5

關鍵字與法條	條文內容
兩處緊急求助鈴 【建築物無障礙設施設計規範#504.4.1】	位置：廁所盥洗室內應設置兩處緊急求助鈴，一處在距離馬桶前緣往後 15 公分、馬桶座位上 60 公分，另在距地板面高 35 公分範圍內設置一處可供跌倒後使用之求助鈴，且應明確標示，易於操控（圖 504.4）。
馬桶前緣淨空間 【建築物無障礙設施設計規範#505.2】	淨空間：馬桶至少有一側邊之淨空間不得小於 70 公分，扶手如設於側牆時，馬桶中心線距側牆之距離**不得大於 60 公分**，馬桶前緣淨空間不得小於 70 公分（圖 505.2）。

題庫練習：

（B）1. 有關無障礙廁所盥洗室，下列何者錯誤？ 　　　　　　　　　　【困難】
　　　(A) 設置直徑 160 公分之迴轉空間
　　　(B) 小便器之淨空間，為小便器中心線左右各 40 公分
　　　(C) 至少應設置 2 處緊急求助鈴
　　　(D) 馬桶前緣淨空間 80 公分

（C）2. 依建築物無障礙設施設計規範規定，無障礙廁所盥洗室馬桶之設置，
　　　馬桶前緣淨空間之最小距離至少為多少公分？ 　　　　　　　【適中】
　　　(A) 60　　(B) 65　　(C) 70　　(D) 75

（B）3. 有關公共建築物行動不便者使用設施規定之敘述，下列何者正確？
　　　　　　　　　　　　　　　　　　　　　　　　　　　　　　　【簡單】
　　　(A) 供行動不便者單獨使用之廁所其深度及寬度均不得小於 2 公尺
　　　(B) 梯級未鄰接牆壁部分，應設置高出梯級 5 公分以上防護緣
　　　(C) 供行動不便者使用之坡道，高低差 21 公分時，其坡度最大不得超
　　　　　過 1：10
　　　(D) 供行動不便者使用之汽車停車位寬度應在 3.3 公尺以上

（C）4. 依據「建築物無障礙設施設計規範」，廁所盥洗室空間內應設置迴轉空
　　　間，直徑至少不得小於多少公分？**(504.1)** 　　　　　　　【非常簡單】
　　　(A) 105　　(B) 120　　(C) 150　　(D) 180

（B）5. 建築物無障礙設施設計規範有關廁所盥洗室之馬桶及扶手規定，下列
　　　敘述何者錯誤？**(505.2)** 　　　　　　　　　　　　　　　　【非常簡單】
　　　(A) 馬桶至少有一側邊之淨空間不得小於 70 公分
　　　(B) 扶手如設於側牆時，馬桶中心線距側牆之距離不得大於 70 公分
　　　(C) 馬桶前緣淨空間不得小於 70 公分
　　　(D) 馬桶至少有一側為可固定之掀起式扶手

六、建築物無障礙設施設計規範第 406.1、406.4、406.7 條

關鍵字與法條	條文內容
無障礙昇降機機廂深度至少不得小於【建築物無障礙設施設計規範#406.1】	機廂尺寸：昇降機門的淨寬度不得小於 90 公分，**機廂之深度不得小於 135** 公分（不需扣除扶手佔用之空間）（圖 406.1）；但集合住宅昇降機門的淨寬度不得小於 80 公分。 最小 135 扶手 最小 90
輪椅使用者操作盤【建築物無障礙設施設計規範#406.4】	輪椅乘坐者操作盤：**操作盤按鍵應包括緊急事故通報器、各通達樓層及開、關等按鍵**。若為多排按鈕，最上層標有樓層指示的按鈕中心線距機廂地面不得大於 120 公分，（如設置位置不足，得放寬至 130 公分），且最下層按鈕之中心線距機廂地板面 85 公分；若為單排按鈕，其樓層按鈕之中心線距機廂地板面不得高於 85 公分；操作盤距機廂入口壁面之距離不得小於 30 公分、入口對側壁面之距離不得小於 20 公分（圖 406.4）。
機廂內應設置語音系統【建築物無障礙設施設計規範#406.7】	語音系統：**機廂內應設置語音系統以報知樓層數、行進方向及開關情形**。

題庫練習：

(B) 1.	無障礙昇降設備之昇降機廂規定，下列敘述何者錯誤？	【簡單】

      (A) 昇降機門的淨寬度不得小於 90 公分，機廂之深度不得小於 135 公分

      (B) 集合住宅之昇降機門的淨寬度不得小於 80 公分，機廂之深度不得小於 120 公分

      (C) 輪椅使用者操作盤應包括緊急事故通報器、各通達樓層及開、關等按鍵

（D) 機廂內應設置語音系統以報知樓層數、行進方向及開關情形
（C) 2. 辦公室之無障礙昇降機機廂深度至少不得小於多少公分？　　【適中】
(A) 90　(B) 120　(C) 135　(D) 150
（B) 3. 有關供行動不便者使用之無障礙昇降機設計規範，下列敘述何者正確？①若供集合住宅使用，昇降機門淨寬最小不得小於 90 公分②若供集合住宅使用，昇降機機廂深度不得小於 125 公分③機廂內至少兩側牆面需設置扶手④若供集合住宅使用，昇降機機廂內可以不設置語音系統
(A) ③④　(B) ②③　(C) ②④　(D) ①③④

七、建築物無障礙設施設計規範第 507.3、507.5、507.6 條

關鍵字與法條	條文內容
1. 洗面盆上緣距地板面 **2. 洗面盆下面距面盆邊緣地板面量起高度及水平淨空深度** 【建築物無障礙設施設計規範#507.3】	**高度：洗面盆上緣距地板面不得大於 80 公分**，且**洗面盆下面距面盆邊緣 20 公分之範圍，由地板面量起高 65 公分及水平 30 公分內應淨空**，以符合膝蓋淨容納空間規定（圖 507.3）。 最大 45 最小 65　最大 80 最小 25 最小 20 最小 30
洗面盆深度 【建築物無障礙設施設計規範#507.5】	洗面盆深度：**洗面盆邊緣距離水龍頭操作桿或自動感應水龍頭之出水口不得大於 40 公分**，且洗面盆下方空間，外露管線及器具表面不得有尖銳或易磨蝕之設備。（**內政部 108 年 1 月 4 日台內營字第 1070820550 號令修正，自 108 年 7 月 1 日施行**）

關鍵字與法條	條文內容
洗面盆設置扶手【建築物無障礙設施設計規範#507.6】	扶手：**洗面盆兩側及前方環繞洗面盆設置扶手**，扶手高於洗面盆邊緣 1-3 公分，且扶手於洗面盆邊緣水平淨距離 2-4 公分（圖507.6）。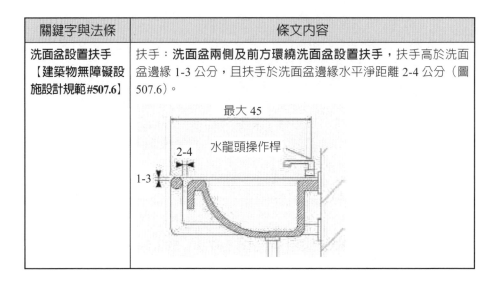

題庫練習：

（AC）1. 建築物無障礙設施設計規範之廁所盥洗室有關洗面盆規定，下列敘述何者錯誤？　　　　　　　　　　　　　　　　　【非常困難】

    (A) 洗面盆上緣距地板面不得大於 85 公分

    (B) 洗面盆下面距面盆邊緣 20 公分之範圍，由地板面量起高 65 公分及水平 30 公分內應淨空

    (C) 洗面盆邊緣距離水龍頭操作桿或自動感應水龍頭之出水口不得大於 45 公分

    (D) 洗面盆兩側及前方環繞洗面盆設置扶手

（A）2.　有關無障礙廁所盥洗室，下列何者不符規定？　　　　　　【適中】

    (A) 洗面盆上緣距地板面 85 公分

    (B) 洗面盆前邊緣距離水龍頭操作桿 40 公分

    (C) 洗面盆前方及兩側設置扶手，扶手高於洗面盆邊緣 1~3 公分

    (D) 鏡子之鏡面底端距離地板面不得大於 90 公分

（C）3.　有關無障礙廁所盥洗室內之敘述，下列何者正確？　　　　【適中】

    (A) 應設置一處按鈕之緊急求助鈴

    (B) 應設置迴轉空間，其直徑不得小於 120 公分

    (C) 出入門寬度不得小於 80 公分

    (D) 鏡子之鏡面底端與地面距離不得大於 80 公分

八、建築物無障礙設施設計規範第 703.1、703.2、704.2 條

關鍵字與法條	條文內容
寬度 【建築物無障礙設施設計規範 #703.1】	寬度：單一輪椅觀眾席位寬度不得小於 90 公分；有多個輪椅觀眾席位時，每個空間寬度不得小於 85 公分（圖 703.1）
深度、側面進入者 【建築物無障礙設施設計規範 #703.2】	深度：可由前方或後方進入之輪椅觀眾席位時，空間深度不得小於 120 公分，而輪椅觀眾席位僅可由側面進入者，則空間深度不得小於 150 公分（圖 703.2）
進入該席位 【建築物無障礙設施設計規範 #704.2】	位置：應設於鄰近避難逃生通道、易到達且有無障礙通路可到達之處，若有 3 個以上之輪椅觀眾席位並排時，應可由前後或左右兩側進入該席位（圖 704.2）。 前方或後方有通道　　三個以上席位兩側皆需通道

題庫練習：

（D）1. 依建築物無障礙設施設計規範之輪椅觀眾席位尺寸，下列敘述何者錯誤？　　　　　　　　　　　　　　　　　　【適中】
(A) 單一輪椅觀眾席位寬度不得小於 90 公分
(B) 有 2 個以上輪椅觀眾席位相鄰時，每個席位寬度不得小於 85 公分
(C) 由前方或後方進入之輪椅觀眾席位時，深度應為 120 公分以上
(D) 輪椅觀眾席位僅可由側面進入者，則深度應為 130 公分以上

（C）2. 有關無障礙設施「輪椅觀眾席位」規定下列何者錯誤？　　　【適中】
(A) 單一個輪椅觀眾席，可僅由後方或單側進入該席
(B) 2 個輪椅觀眾席，可僅由後方或單側進入該席
(C) 3 個輪椅觀眾席並排時，可僅由後方或單側進入該席
(D) 4 個輪椅觀眾席並排時，應可由前後或左右側進入該席

（D）3. 有關無障礙設施「輪椅觀眾席位」之規定，下列何者錯誤？　【適中】
(A) 觀眾席地面坡度不得大於 1/50
(B) 單一觀眾席位寬度不得小於 90 公分
(C) 多個觀眾席，每個席位寬度不得小於 85 公分
(D) 建築物設有 55 個固定座椅席位者，應設置輪椅觀眾席位 1 個

九、建築物無障礙設施設計規範第 204.2.4、203.2.5、203.2.6 條

關鍵字與法條	條文內容
室內通路淨高度【建築物無障礙設施設計規範 #204.2.4】	室內通路走廊淨高度 突出物限制：室內通路走廊淨高不得**小於 190 公分**；兩邊之牆壁，由地面起 60 公分至 190 公分以內，不得有 10 公分以上之懸空突出物，如為必要設置之突出物，應設置警示或其他防撞設施（圖 204.2.4）。 最小 190　　設置警示或其他防護柵

關鍵字與法條	條文內容
主要行進之方向，開口不得大於多少公分？【建築物無障礙設施設計規範#203.2.5】	開口：通路130公分範圍內，應儘量不設置水溝格柵或其他開口，如需設置，其水溝格柵或其他開口在主要行進之方向，**開口不得大於1.3公分**。（圖203.2.5） 主要行進方向 1.3
室外通路淨高度【建築物無障礙設施設計規範#203.2.6】	無障礙通路之室外通路淨高度 突出物限制：通路淨高不得**小於200公分**，地面起60-200公分之範圍，不得有10公分以上之懸空突出物，如為必要設置之突出物，應設置警示或其他防撞設施（圖203.2.6）。 陽臺或其他突出物 最小200 設置警示或其他防護柵

題庫練習：

（A）1. 依建築物無障礙設施設計規範，無障礙通路之室外通路淨高度（X）及室內通路走廊淨高度（Y）應各不得小於多少公分？　【簡單】
(A) X＝200，Y＝190　　　　　(B) X＝200，Y＝180
(C) X＝190，Y＝200　　　　　(D) X＝190，Y＝190

（B）2. 建築物無障礙設施室外通路範圍內，如需設置水溝格柵或其他開口，在主要行進之方向，開口不得大於多少公分？　【簡單】
(A) 0.8　(B) 1.3　(C) 2.0　(D) 2.5

十、建築物無障礙設施設計規範第 303.4 條

關鍵字與法條	條文內容
防護緣 【建築物無障礙設施設計規範 #303.4】	防護緣：梯級未鄰接牆壁部份，應設置高出梯級 5 公分以上之防護緣。（圖 303.4）

題庫練習：

（B）1. 無障礙樓梯之梯級未鄰接牆壁部分應設置至少高出多少公分以上之防護緣？　　　　　　　　　　　　　　　　　　　　　　　　　【簡單】
(A) 3　(B) 5　(C) 8　(D) 10

（B）2. 有關公共建築物行動不便者使用設施規定之敘述，下列何者正確？　　　　　　　　　　　　　　　　　　　　　　　　　　　【簡單】
(A) 供行動不便者單獨使用之廁所其深度及寬度均不得小於 2 公尺
(B) 梯級未鄰接牆壁部分，應設置高出梯級 5 公分以上防護緣
(C) 供行動不便者使用之坡道，高低差 21 公分時，其坡度最大不得超過 1：10
(D) 供行動不便者使用之汽車停車位寬度應在 3.3 公尺以上

十一、建築物無障礙設施設計規範第 304.1、304.2、條

關鍵字與法條	條文內容
單及雙道扶手高度 【建築物無障礙設施設計規範 #304.1】	扶手：樓梯兩側應裝設距梯級鼻端高度 **75-85 公分**之扶手（圖 304.1）或**雙道扶手**（高 65 公分及 85 公分），除下列情形外該扶手應連續不得中斷。二平台（或樓板）間之**高差在 20 公分以下**者，得不設扶手；另樓梯之平台外側扶手得不連續。

關鍵字與法條	條文內容
1. 扶手應水平延伸 2. 扶手端部防勾撞處理 【建築物無障礙設施設計規範 #304.2】	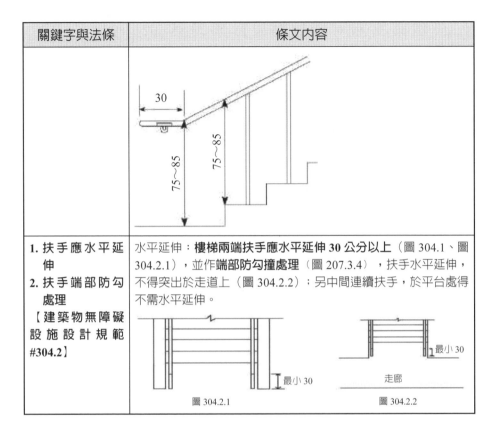水平延伸：**樓梯兩端扶手應水平延伸30公分以上**（圖304.1、圖304.2.1），並作**端部防勾撞處理**（圖207.3.4），扶手水平延伸，不得突出於走道上（圖304.2.2）；另中間連續扶手，於平台處得不需水平延伸。 圖304.2.1　　　　　圖304.2.2

題庫練習：

（C）1. 航空站之無障礙設施樓梯，扶手與欄杆規定，下列何者錯誤？【簡單】
　　　(A) 單道扶手高度為75-85公分　　(B) 雙道扶手高度為65公分及85公分
　　　(C) 扶手兩端不得水平延伸　　　　(D) 扶手端部需防勾撞處理

（D）2. 設置於無障礙坡道上之雙道扶手，上下扶手高度應分別為X公分及Y公分，下列數字何者正確？　　　　　　　　　　　　　　【簡單】
　　　(A) X = 75；Y = 65　　　　　　　(B) X = 75；Y = 60
　　　(C) X = 85；Y = 60　　　　　　　(D) X = 85；Y = 65

（C）3. 依建築物無障礙設施設計規範，下列敘述何者正確？　　　【適中】
　　　(A) 戶外平台階梯之寬度在5公尺以上者，應於中間加裝扶手 (306)
　　　(B) 梯級級高之設置應符合級高（R）需為20公分以下，級深（T）不得小於26公分 (303.5.2)
　　　(C) 其樓梯兩側應裝設距梯級鼻端高度75-85公分之扶手 (304.1)
　　　(D) 二平台（或樓板）間之高差在25公分以下者，得不設扶手 (304.1)

十二、建築物無障礙設施設計規範第 402、403.1、403.2、403.3.2、405.1、405.2、405.3 條

關鍵字與法條	條文內容
分別設置 【建築物無障礙設施設計規範 #402】	無障礙昇降機與群管理控制下之一般昇降機之呼叫按鈕必須**分別設置**，並得以相鄰兩座無障礙昇降機為群管理控制。
方向指引 【建築物無障礙設施設計規範 #403.1】	入口引導：建築物主要入口處及沿路轉彎處應設置無障礙昇降機**方向指引**。
昇降機引導 【建築物無障礙設施設計規範 #403.2】	昇降機引導：**昇降機設有點字之呼叫鈕前方 30 公分處之地板，應作 30 公分 ×60 公分之不同材質處理**（圖 403.2）。 呼叫鈕 不同材質之地面 30 30 60
垂直牆面之無障礙標誌 【建築物無障礙設施設計規範 #403.3.2】	平行牆面：平行固定於牆面之無障礙標誌，其下緣應距地板面 **180-200 公分處，尺寸不得小於 10 公分**（圖 403.3.2）。 最小 10 180〜200

關鍵字與法條	條文內容
1. 昇降機門方向開啓 2. 應設有可自動停止並重新開啓的裝置 【建築物無障礙設施設計規範#405.1】	昇降機門：昇降機門應水平方向開啓，並為自動開關方式。如果門受到物體或人的阻礙時，昇降機門應設有可自動停止並重新開啓的裝置，此裝置應透過感應到地板面 15～25 公分及 50～75 公分處之障礙物來啓動。
1. 開啓至關閉之時間不應少 2. 完全開啓狀態至少 5 秒鐘 【建築物無障礙設施設計規範#405.2】	關門時間：**梯廳昇降機到達時，門開啓至關閉之時間不應少於 5 秒鐘**；若由昇降機廂內按鈕開門，**昇降機門應維持完全開啓狀態至少 5 秒鐘**。
水平間隙 【建築物無障礙設施設計規範#405.3】	昇降機出入口：昇降機出入口處之樓地板面，應與機廂地板面保持平整，其與機廂地板面之水平間隙**不得大於 3.2 公分**。

題庫練習：

（C）1. 有關供行動不便者使用之無障礙昇降設備相關規定，下列敘述何者正確？　　　　　　　　　　　　　　　　　　　　　　　【簡單】
(A) 無障礙昇降機與群管理控制下之一般昇降機之呼叫按鈕必須合併設置
(B) 無障礙昇降機方向指引之標誌在建築物主要入口處標示即可
(C) 昇降機設有點字之呼叫鈕前方 30 公分處之地板，應作長度 60 公分、寬度 30 公分之不同材質處理，並不得妨礙輪椅使用者行進
(D) 昇降機到達梯廳時，門開啓至關閉之時間不應多於 5 秒鐘

（A）2. 有關無障礙昇降機的引導標誌設置，下列敘述何者正確？　　【適中】
(A) 關於入口的引導，建築物主要入口處及沿路轉彎處都應設置無障礙昇降機方向指引
(B) 無障礙昇降機設置垂直牆面之無障礙標誌，其下緣應距地板面 235-250 公分
(C) 昇降機一般呼叫鈕前方 60 公分處之地板，應作 30 公分 ×60 公分之不同材質處理
(D) 無障礙昇降機的引導標誌應該延續與不中斷，並且在平行行進方向的牆上設置

（D）3. 無障礙昇降設備之昇降機門規定，下列敘述何者正確？　　【適中】
   (A) 昇降機門應水平方向開啓，應為手動開關方式
   (B) 昇降機門無須設有可自動停止並重新開啓的裝置
   (C) 梯廳昇降機到達時，門開啓至關閉之時間不應少於 3 秒鐘
   (D) 昇降機出入口處與機廂地板面之水平間隙不得大於 3.2 公分

（C）4. 設置無障礙昇降機的引導設施及引導標誌，下列敘述何者錯誤？【適中】
   (A) 建築物主要入口處及沿路轉彎處應設置無障礙昇降機方向指引 **(403.1)**
   (B) 設置無障礙標誌，其下緣距地板面可為 210 公分 **(403.3.2)**
   (C) 平行固定於牆面之無障礙標誌，考慮乘坐輪椅者的視線，高度其下緣應距地板面 120-160 公分處 **(403.3.2)**
   (D) 無障礙標誌長寬尺寸最小不得小於 15 公分 **(403.3.2)**

十三、建築物無障礙設施設計規範第 702.3、702.5、703.1、702.1 條

關鍵字與法條	條文內容
各廳觀眾席位總數量計算 【建築物無障礙設施設計規範#702.3】	多廳式場所：多廳式之場所，其輪椅觀眾席位數量，應依各廳觀眾席位之固定坐椅席位數分別計算。
未有輪椅使用者使用時 【建築物無障礙設施設計規範#702.5】	座椅彈性運用：輪椅觀眾席位可考量安裝可拆卸之座椅，如未有輪椅使用者使用時，得安裝座椅。
寬度 【建築物無障礙設施設計規範#703.1】	寬度：單一輪椅觀眾席位寬度不得小於 90 公分；有多個輪椅觀眾席位時，每個空間寬度不得小於 85 公分

關鍵字與法條	條文內容
觀眾席位地面坡度【建築物無障礙施設計規範#702.1】	地面：輪椅觀眾席位的地面應堅硬平整、防滑，且坡度不得大於1/50。

題庫練習：

（A）1. 有關無障礙設施「輪椅觀眾席位」規定下列何者錯誤？　【簡單】
　　(A) 多廳式之場所，輪椅觀眾席數量，可依各廳觀眾席位總數量計算平均設置之
　　(B) 輪椅觀眾席位可考量安裝可拆卸之座椅，如未有輪椅使用者使用時，得安裝座椅
　　(C) 單一輪椅觀眾席位寬度不得小於90公分；有多個輪椅觀眾席位時，每個空間寬度不得小於85公分
　　(D) 觀眾席位地面坡度不得大於1/50
（D）2. 有關無障礙設施「輪椅觀眾席位」之規定，下列何者錯誤？　【適中】
　　(A) 觀眾席地面坡度不得大於1/50
　　(B) 單一觀眾席位寬度不得小於90公分
　　(C) 多個觀眾席，每個席位寬度不得小於85公分
　　(D) 建築物設有55個固定座椅席位者，應設置輪椅觀眾席位1個

十四、建築技術規則第 167 條

關鍵字與法條	條文內容
設置無障礙設施【建築技術規則#167】	為便利行動不便者進出及使用建築物，新建或增建建築物，應依本章規定設置無障礙設施。但符合下列情形之一者，不在此限： 一、獨棟或連棟建築物，該棟自地面層至最上層均屬同一住宅單位且第二層以上僅供住宅使用。 二、供住宅使用之公寓大廈專有及約定專用部分。 三、除公共建築物外，建築基地面積未達150平方公尺或每棟每層樓地板面積均未達一百平方公尺。 前項各款之建築物地面層，仍應設置無障礙通路。 前二項建築物因建築基地地形、垂直增建、構造或使用用途特殊，設置無障礙設施確有困難，經當地主管建築機關核准者，得不適用本章一部或全部之規定。 建築物無障礙設施設計規範，由中央主管建築機關定之。

題庫練習：

（A）　依建築技術規則建築設計施工編之規定，為便利行動不便者進出及使用
　　　建築物，新建或增建建築物，應依規定設置無障礙設施。下列敘述何者
　　　錯誤？　　　　　　　　　　　　　　　　　　　　　　　　　　　　【簡單】
　　　(A) 獨棟或連棟建築物，該棟自地面層至最上層非屬同一住宅單位且第二
　　　　　層以上非供住宅使用者，不在此限
　　　(B) 供住宅使用之公寓大廈專有部分者，不在此限
　　　(C) 供住宅使用之公寓大廈約定專用部分者，不在此限
　　　(D) 除公共建築物外，建築基地面積未達 150 平方公尺或每棟每層樓地板
　　　　　面積均未達 100 平方公尺者，不在此限

十五、建築物無障礙設施設計規範第 202.2 條

關鍵字與法條	條文內容
應作何種斜率之斜角處理？ 【建築物無障礙施設計規範#202.2】	高低差：**高低差在 0.5 公分至 3 公分者，應作 1/2 之斜角處理**，高低差在 0.5 公分以下者得不受限制；高低差大於 3 公分者，應設置符合本規範之「坡道」、「昇降設備」或「輪椅昇降台」。

題庫練習：

（A）　無障礙通路高低差在 0.5cm 至 3cm 者，應作何種斜率之斜角處理？
　　　　　　　　　　　　　　　　　　　　　　　　　　　　　　　　　【簡單】

　　　(A) 1/2　(B) 2/3　(C) 3/4　(D) 4/5

十六、建築物無障礙設施設計規範第 202.4.4 條

關鍵字與法條	條文內容
獨棟或連棟建築物之特別規定 【建築物無障礙設施設計規範#202.4.4】	202.4.1 適用對象：建築基地內該棟自地面層至最上層均屬同一住宅單位且僅供住宅使用者。 202.4.2 組成：其地面層無障礙通路，僅須設置室外通路。

關鍵字與法條	條文內容
	202.4.3 設有騎樓者：其室外通路得於騎樓與道路邊界至少設置一處坡道，經由騎樓通達各棟出入口。 202.4.4 **免設置：位於山坡地，或其臨接道路之淹水潛勢高度達 50 公分以上，且地面層須自基地地面提高 50 公分以上者，或地面層設有室內停車位者，或建築基地未達 10 個住宅單位者，得免設置室外通路。** 202.4.5 部分設置：建築基地具 10 個以上、未達 50 個住宅單位者，應至少有 1/10 個住宅單位設置室外通路。其計算如有零數者，應再增加 1 個住宅單位設置室外通路。

題庫練習：

（C）	有關獨棟或連棟建築物免設無障礙室外通路之規定，下列敘述何者錯誤？　　　　　　　　　　　　　　　　　　【適中】 (A) 位於山坡地者 (B) 地面層設有室內停車位者 (C) 建築基地未達 15 個住宅單位者 (D) 其臨接道路之淹水潛勢高度達 50 公分以上，且地面層須自基地地面提高 50 公分以上者

十七、建築物無障礙設施設計規範第 203.2.2、202.4 條

關鍵字與法條	條文內容
室外通路坡度 【建築物無障礙設施設計規範#203.2.2】	坡度：**地面坡度不得大於 1/15；但 202.4 獨棟或連棟之建築物其地面坡度不得大於 1/10**，超過者須依 206 節規定設置坡道。且二不同方向之坡道交會處應應設置平台，該平臺之坡度不得大於 1/50。
獨棟或連棟之建築物其地面坡度 【建築物無障礙設施設計規範#202.4】	獨棟或連棟建築物之特別規定

題庫練習：

> （C）1.　新建之金融大樓，其室外通路地面坡度最大為多少？　　　【困難】
> 　　　　　(A) 1/10　(B) 1/12　(C) 1/15　(D) 1/20
> （B）2.　有關無障礙設施室外通路之設計，獨棟或連棟之建築物其地面坡度至
> 　　　　　多不得大於下列何種比例？　　　　　　　　　　　　　【困難】
> 　　　　　(A) 1/12　(B) 1/10　(C) 1/8　(D) 1/6

十八、建築物無障礙設施設計規範第 203.2.6 條

關鍵字與法條	條文內容
室外通路淨高 【建築物無障礙設施設計規範 #203.2.6】	突出物限制：**通路淨高不得小於 200 公分**，地面起 60-200 公分之範圍，不得有 10 公分以上之懸空突出物，如為必要設置之突出物，應設置警示或其他防撞設施。

題庫練習：

> （D）　無障礙設施之室外通路淨高依規定至少要多少 cm 以上？　【適中】
> 　　　　(A) 170　(B) 180　(C) 190　(D) 200

十九、建築物無障礙設施設計規範第 206.3.2 條

關鍵字與法條	條文內容
坡道每高差多少公分應設置平台 【建築物無障礙設施設計規範 #206.3.2】	中間平台：坡道每高差 75 公分，應設置長度至少 150 公分之平台（圖 206.3.1），平台之坡度不得大於 1/50。 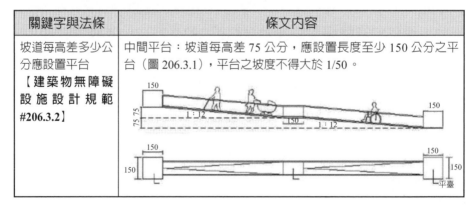

題庫練習：

（B）　無障礙坡道，坡道每高差多少公分，應設置長度 150 公分以上之平台？

【簡單】

（A）60　（B）75　（C）90　（D）100

二十、建築物無障礙設施設計規範第 207.2.2 條

關鍵字與法條	條文內容
無障礙通道之扶手 【建築物無障礙設施設計規範 #207.2.2】	**108 年 7 月 1 日開始實施修正後【無障礙設計規範】** 扶手形狀：可為圓形、橢圓形，圓形直徑約為 2.8-4 公分，其他形狀者，外緣周邊長 9-13 公分（圖 207.2.2）。

題庫練習：

（B）　無障礙通道之扶手如為圓形，其直徑下列何者正確？　　【適中】

（A）2.5 公分　（B）3.5 公分　（C）4.5 公分　（D）5.5 公分

二十一、建築物無障礙設施設計規範第 207.3.3 條

關鍵字與法條	條文內容
小學之無障礙雙層扶手 【建築物無障礙設施設計規範 #207.3.3】	高度：單層扶手之上緣與地板面之距離應為 75 公分。雙層扶手上緣高度分**別為 65 公分**及 **85 公分**，若用於小學，**高度則各降低 10 公分**（圖 207.3.3）。

關鍵字與法條	條文內容

題庫練習：

（B）	小學之無障礙雙層扶手，其上緣與地板面距離之高度分別為多少公分？ 【適中】 (A) 50：70　(B) 55：75　(C) 60：80　(D) 65：85

二十二、建築物無障礙設施設計規範第 1003.1、1003.2、1004.1、 1005.1 條、建築技術規則第 167-7 條

關鍵字與法條	條文內容
衛浴設備空間 【建築物無障礙設施設計規範#1003.1】	衛浴設備空間：無障礙客房內應設置衛浴設備，衛浴設備至少應包括馬桶、洗面盆及浴缸或淋浴間等。
迴轉空間 【建築物無障礙設施設計規範#1003.2】	衛浴設備空間應設置迴轉空間，其**直徑不得小於 135 公分**。
房間內通路 【建築物無障礙設施設計規範#1004.1】	房間內通路：房間內通路寬度不得小於 120 公分，**床間淨寬度不得小於 90 公分**。

關鍵字與法條	條文內容
客房內求助鈴【**建築物無障礙設施設計規範**#1005.1】	位置：**應至少設置兩處**，一處距地板面高 90-120 公分處；另一處距地板面 35-45 公分，且按鈕應明確標示，易於觸控。
無障礙客房數量【建築技術規則#167-7】	（詳下表）

客房總數量（間）	無障礙客房數量（間）
十六至一百	一
一百零一至二百	二
二百零一至三百	三
三百零一至四百	四
四百零一至五百	五
五百零一至六百	六
超過六百間客房者，超過部分每增加一百間，應增加一間無障礙客房；不足一百間，以一百間計。	

題庫練習：

（B）1. 有關無障礙客房規定，下列何者錯誤？　　　　　　　【非常簡單】
　　(A) 建築物使用類組 B-4 旅館類者，客房數 15 間以下者，免設無障礙客房
　　(B) 無障礙客房內可免設置衛浴設備
　　(C) 客房內通路寬度不得小於 120 公分
　　(D) 客房內求助鈴至少應設置兩處

（C）2. 有關無障礙客房之規定，下列敘述何者錯誤？　　　　【非常簡單】
　　(A) 建築物使用類組 B-4 旅館類者，客房數 80 間者，應設置 1 間無障礙客房
　　(B) 客房內衛浴設備迴轉空間，其直徑不得小於 135 公分
　　(C) 客房內床間淨寬度不得小於 60 公分
　　(D) 客房內求助鈴應至少設置兩處

第九章　其他營建相關法規

一、住宅法第 28 條

關鍵字與法條	條文內容
社會住宅 【住宅法 #28】	民間興辦之社會住宅係以新建建築物辦理者，其建築基地應符合下列規定： 一、在實施都市計畫地區達五百平方公尺以上，且依都市計畫規定容積核算總樓地板面積達六百平方公尺以上。 二、在非都市土地甲種建築用地及乙種建築用地達五百平方公尺以上。 三、在非都市土地丙種建築用地、遊憩用地及特定目的**事業用地達一千平方公尺以上。**

題庫練習：

（D）	依住宅法第 28 條規定，民間興辦之社會住宅係以新建建築物辦理者，其建築基地應符合之規定，下列何者錯誤？　　　　　　　【適中】 (A) 在實施都市計畫地區達 500 平方公尺以上，且依都市計畫規定容積核算總樓地板面積達 600 平方公尺以上 (B) 在非都市土地甲種建築用地達 500 平方公尺以上 (C) 在非都市土地乙種建築用地達 500 平方公尺以上 (D) 在非都市土地丙種建築用地達 500 平方公尺以上

二、住宅法第 40 條

關鍵字與法條	條文內容
住宅基本居住水準 【住宅法 #40】	為提升居住品質，中央主管機關應衡酌社會經濟發展狀況、公共安全及衛生、居住需求等，訂定基本居住水準，作為住宅政策規劃及住宅補貼之依據。前項**基本居住水準，中央主管機關應每四年進行檢視修正。** 直轄市、縣（市）主管機關應清查不符基本居住水準家戶之居住狀況，並得訂定輔導改善執行計畫，以確保符合國民基本居住水準。

題庫練習：

> （B）　依住宅法規定有關住宅基本居住水準之說明，何者錯誤？
> 　　　　(A) 住宅基本居住水準由中央主管機關訂定
> 　　　　(B) 中央主管機關應每 5 年進行檢視修正住宅基本居住水準
> 　　　　(C) 住宅基本居住水準之一為居住面積達家戶人口平均每人最小居住樓地板面積之和
> 　　　　(D) 住宅基本居住水準之一具備住宅重要設施設備項目及數量，係指大便器、洗面盆及浴缸或淋浴等衛生設備及其數量

三、住宅法第 43 條

關鍵字與法條	條文內容
住宅性能評估制 【住宅法 #43】	為提升住宅安全品質及明確標示住宅性能，中央主管機關應訂定住宅性能評估制度，指定評估機構受理**住宅興建者或所有權人申請評估**。

題庫練習：

> （D）　依住宅法及住宅性能評估實施辦法規定，下列敘述何者錯誤？
> 　　　　(A) 住宅性能評估分新建住宅性能評估及既有住宅性能評估 2 類
> 　　　　(B) 新建與既有住宅性能類別之評估等級分為第 1 級至第 4 級，共 4 個等級
> 　　　　(C) 新建住宅性能評估由起造人申請
> 　　　　(D) 既有住宅性能評估可由既有住宅之承租人向評估機構申請 (#43)

四、住宅法第 53、54、3、4、29 條

關鍵字與法條	條文內容
飼養導盲犬 【住宅法 #53、54】	【住宅法 #53】 **居住為基本人權**，其內涵應參照經濟社會文化權利國際公約、公民與政治權利國際公約，及經濟社會文化權利委員會與人權事務委員會所作之相關意見與解釋。 【住宅法 #54】 任何人不得拒絕或妨礙住宅使用人為下列之行為：

關鍵字與法條	條文內容
	一、從事必要之居住或公共空間無障礙修繕。 二、因協助身心障礙者之需要飼養導盲犬、導聾犬及肢體輔助犬。 三、合法使用住宅之專有部分及非屬約定專用之共用部分空間、設施、設備及相關服務。
社會住宅定義 【住宅法 #3】	本法用詞，定義如下： 一、住宅：指供居住使用，並具備門牌之合法建築物。 二、**社會住宅：指由政府興辦或獎勵民間興辦，專供出租之用之住宅及其必要附屬設施。** 三、公益出租人：指住宅所有權人將住宅出租予符合租金補貼申請資格，經直轄市、縣（市）主管機關認定者。
提供至少百分之三十以上比率出租予經濟或社會弱勢者 【住宅法 #4】	主管機關及民間興辦之社會住宅，應以直轄市、縣（市）轄區為計算範圍，**提供至少百分之三十以上比率出租予經濟或社會弱勢者**，另提供一定比率予未設籍於當地且在該地區就學、就業有居住需求者。 前項經濟或社會弱勢者身分，指下列規定之一者： 一、低收入戶或中低收入戶。 二、特殊境遇家庭。 三、育有未成年子女三人以上。 四、於安置教養機構或寄養家庭結束安置無法返家，未滿二十五歲。 五、六十五歲以上之老人。 六、受家庭暴力或性侵害之受害者及其子女。 七、身心障礙者。 八、感染人類免疫缺乏病毒者或罹患後天免疫缺乏症候群者。 九、原住民。 十、災民。 十一、遊民。 十二、其他經主管機關認定者。
出租、設定地上權提供使用 【住宅法 #29】	**民間興辦之社會住宅，需用公有土地或建築物時，得由公產管理機關以出租、設定地上權提供使用，並予優惠，**不受國有財產法第二十八條之限制。 前項出租及設定地上權之優惠辦法，由財政部會同內政部定之。 民間需用基地內夾雜零星或狹小公有土地時，應由出售公有土地機關依讓售當期公告土地現值辦理讓售。

題庫練習：

（C）	依據住宅法規定，下列敘述何者錯誤？　　　　　　　　　　【適中】
	(A) 居住為基本人權，任何人不得拒絕或妨礙住宅使用人因視覺功能障礙而飼養導盲犬
	(B) 社會住宅之規劃、興建、獎勵及管理為縣市主管機關之權責
	(C) 社會住宅係指由政府興建或獎勵民間興辦，供出租或出售之用，並應提供至少 10% 以上比例出租予具特殊情形或身分者之住宅
	(D) 民間興辦之社會住宅，需用公有非公用土地或建築物時，得由公產管理機關以出租，設定地上權提供使用，並予優惠

五、住宅性能評估實施辦法第 3 條

關鍵字與法條	條文內容
住宅性能評估【住宅性能評估實施辦法 #3】	住宅性能評估分新建住宅性能評估及既有住宅性能評估，並依下列性能類別，分別評估其性能等級： 一、**結構安全**。二、防火安全。三、無障礙環境。四、**空氣環境**。五、光環境。六、**音環境**。七、節能省水。八、住宅維護。 新建與既有住宅性能類別之評估項目、評估內容、權重、等級、評估基準及評分，如附表一至附表二之八。

題庫練習：

（A）	依住宅性能評估實施辦法規定，新建及既有住宅性能評估之性能類別，下列項目何者錯誤？
	(A) 用電安全　　(B) 空氣環境　　(C) 結構安全　　(D) 音環境

六、住宅性能評估實施辦法第 5、11 條

關鍵字與法條	條文內容
住宅性能評估【住宅性能評估實施辦法 #5】	起造人申請新建住宅性能評估，得依下列方式之一辦理： 一、於領得建造執照尚**未領得使用執照前**，檢具申請書、建造執照影本、核定工程圖樣與說明書及其他相關書圖文件，向中央主管機關指定之住宅性能**評估機構**（以下簡稱評估機構）申請新建住宅性能初步評估，並自領得使用執照之日起三個

關鍵字與法條	條文內容
	月內，檢具申請書、使用執照影本、核定之竣工工程圖樣、辦理變更設計相關書圖文件、工程勘驗紀錄資料及其他相關書圖文件，送請原評估機構查核確認。 二、於**領得使用執照之日起二個月內**，檢具申請書、使用執照影本、核定之竣工工程圖樣、工程勘驗紀錄資料及其他相關書圖文件，向評估機構申請新建住宅性能評估。 依前項第一款辦理者，經性能初步評估後，評估機構得發給新建住宅性能初步評估通知書；經原評估機構查核確認相關書圖文件後，始發給新建住宅性能評估報告書。但逾期未送原評估機構查核確認者，其新建住宅性能初步評估通知書失其效力。 依第一項第二款辦理者，經性能評估後，評估機構應發給新建住宅性能評估報告書。 評估機構為辦理新建住宅性能評估，應派員至現場勘查及實施必要之檢測。
住宅性能評估人員 【住宅性能評估實施辦法 #11】	第九條第一項第六款之**住宅性能評估人員**，應符合下列資格之一： 一、曾任大學以上學校**教授、副教授、助理教授經教育部審查合格，講授建築結構、建築構造、無障礙環境、建築環境控制、建築設備、建築防災等與評估類別相關學科五年以上。** 二、建築師、土木工程技師、結構工程技師、電機工程技師、冷凍空調工程技師、消防設備師或任職於相關研究機關（構）之研究員或副研究員，對建築結構、建築構造、無障礙環境、建築環境控制、建築設備、建築防災等與評估類別相關領域連續五年以上有研究成果者。 三、開業建築師、執業土木工程技師、結構工程技師、電機工程技師、冷凍空調工程技師或消防設備師，開（執）業十年以上者。 四、曾任主管建築機關建築管理工作或消防主管機關火災預防工作十年以上，或擔任其主管五年以上者。 前項第一款及第二款年資得合併計算。 執行既有住宅結構安全性能類別之評估人員，應為開業建築師、執業土木工程技師或結構工程技師。

題庫練習：

（D）	依住宅性能評估實施辦法規定，下列敘述何者錯誤？ (A) 新建住宅起造人於領得建造執照尚未領得使用執照前，得申請新建住宅性能初步評估 (B) 新建住宅起造人於領得使用執照之日起 2 個月內，得申請新建住宅性

能評估
(C) 評估機構為辦理新建住宅性能評估，應派員至現場勘查及實施必要之檢測
(D) 執行既有住宅結構安全性能類別之評估人員，得為任職大學以上學校教授、副教授、助理教授經 教育部審查合格，講授建築結構課程 5 年以上

七、古蹟土地容積移轉辦法第 3、4、5、7、8、9 條

關鍵字與法條	條文內容
容積移轉 【古蹟土地容積移轉辦法 #3】	實施容積率管制地區內，經指定為古蹟，除以政府機關為管理機關者外，其所定著之土地、古蹟保存用地、保存區、其他使用用地或分區內土地，因古蹟之指定、古蹟保存用地、保存區、其他使用用地或分區之劃定、編定或變更，致其原依法可建築之基準容積受到限制部分，土地所有權人得依本辦法申請移轉至其他地區建築使用。 **本辦法所稱基準容積，指以都市計畫、區域計畫或其相關法規規定之容積率上限乘土地面積所得之積數。**
可移出容積應扣除非屬古蹟之已建築容積 【古蹟土地容積移轉辦法 #4】	依前條規定申請將原依法可建築之基準容積受到限制部分，移轉至其他地區建築使用之土地（以下簡稱送出基地），其可移出容積依下列規定計算： 一、未經依法劃定、編定或變更為古蹟保存用地、保存區、其他使用用地或分區者，按其基準容積為準。 二、經依法劃定、編定或變更為古蹟保存用地、保存區、其他使用用地或分區者，以其劃定、編定或變更前之基準容積為準。但劃定或變更為古蹟保存用地、保存區、其他使用用地或分區前，尚未實施容積率管制或屬公共設施用地者，以其毗鄰可建築土地容積率上限之平均數，乘其土地面積所得之乘積為準。 前項第二款之毗鄰土地均非屬可建築土地者，其可移出容積由直轄市、縣（市）主管機關參考鄰近地區發展及土地公告現值評定情況擬定，送該管都市計畫或區域計畫主管機關審定。 第一項**可移出容積應扣除非屬古蹟之已建築容積。**
移轉至同一都市主要計畫地區 【古蹟土地容積移轉辦法 #5】	送出基地可移出之容積，以移轉至同一都市主要計畫地區或區域計畫地區之同一直轄市、縣（市）內之其他任何一宗可建築土地建築使用為限。但經內政部都市計畫委員會審議通過後，得移轉至同一直轄市、縣（市）之其他主要計畫地區。

關鍵字與法條	條文內容
接受基地基準容積【古蹟土地容積移轉辦法 #7、8】	【古蹟土地容積移轉辦法 #7】 接受基地之可移入容積，以不超過該土地基準容積之 **40%** 為原則。位於**整體開發地區、實施都市更新地區或面臨永久性空地之接受基地**，其可移入容積，得酌予增加。但不得超過該接受基地基準容積之 **50%**。 【古蹟土地容積移轉辦法 #8】 送出基地移出之容積，於換算為接受基地移入之容積時，其計算公式如下： 接受基地移入容積＝送出基地移出之容積 x（申請容積移轉當期送出基地之毗鄰可建築土地平均公告土地現值 / 申請容積移轉當期接受基地之公告土地現值） 前項送出基地毗鄰土地非屬可建築土地者，以三筆距離最近之可建築土地公告土地現值平均計算之。 前二項之可建築土地平均公告土地現值較送出基地申請容積移轉當期公告土地現值為低者，以送出基地申請容積移轉當期公告土地現值計算。
送出基地之可移出容積，得分次移出【古蹟土地容積移轉辦法 #9】	送出基地之可移出容積，得分次移出。 接受基地在不超過第七條規定之可移入容積內，**得分次移入不同送出基地之可移出容積**。

題庫練習：

(C) 1. 依文化資產保存法及古蹟土地容積移轉辦法規定，下列敘述何者錯誤？　　　　　　　　　　　　　　　　　　　　　【簡單】
   (A) 實施容積率管制地區內之私有土地，經指定為古蹟，原依法可建築之基準容積受到限制部分，土地所有權人得依本辦法申請移轉至其他地區建築使用
   (B) 本辦法所稱基準容積，指以都市計畫、區域計畫或其相關法規規定之容積率上限乘土地面積所得之積數
   (C) 送出基地可移出之容積，得移轉至不同直轄市、縣（市）之其他主要計畫地區
   (D) 接受基地位於整體開發地區、實施都市更新地區或面臨永久性空地者，其可移入容積，得酌予增加；但不得超過該接受基地基準容積之 50%

(A) 2. 有關古蹟土地容積移轉辦法之條文敘述，下列何者錯誤？　　【適中】

(A) 接受基地之可移入容積，以不超過該土地基準容積之百分之四十為原則，條件允許最高得至百分之六十

(B) 容積移出移入換算公式：接受基地移入容積＝送出基地移出之容積 × （申請容積移轉當期送出基地之毗鄰可建築土地平均公告土地現值 / 申請容積移轉當期接受基地之公告土地現值）

(C) 送出基地之可移出容積得分次移出，而接受基地在可移入規定內，亦得分次移入不同送出基地之可移出容積

(D) 接受基地於依法申請建築時，除容積率管制事項外，仍應符合土地使用分區管制及建築法規之規定

（A）3. 依古蹟土地容積移轉辦法，有關古蹟土地與移轉容積之敘述，下列何者錯誤？　【非常困難】

(A) 送出基地可移出之容積，經內政部都市計畫委員會審議通過後，以移轉至同一都市主要計畫地區或區域計畫地區之同一直轄市、縣（市）內之其他任何一宗可建築土地建築使用為限

(B) 可移出容積應扣除非屬古蹟之已建築容積

(C) 將原依法可建築之基準容積受到限制部分，移轉至其他地區建築使用之土地稱送出基地，送出基地之可移出容積，得分次移出

(D) 接受送出基地可移出容積之土地稱接受基地，得分次移入不同送出基地之可移出容積

（C）4. 有關「古蹟土地容積移轉辦法」之敘述，下列何者錯誤？　【簡單】

(A) 古蹟土地所有權人得依本辦法申請其土地基準容積受到限制部分，移轉至其他地區建築使用

(B) 基準容積係以持有土地，依公告或相關規定之容積率上限乘土地面積所得之基數

(C) 容積移轉得移轉至其他縣市之其他任一宗可建築土地建築使用，惟必須合乎容積公告現值換算公式

(D) 申請移轉容積至其他地區建築使用之基地，簡稱送出基地。接受送出基地可移出容積之土地，簡稱接受基地

（C）5. 依古蹟土地容積移轉辦法規定，下列敘述何者錯誤？　【簡單】

(A) 送出基地之可移出容積，得分次移出

(B) 接受基地之可移入容積，以不超過該土地基準容積之 40% 為原則

(C) 接受基地在不超過規定之可移入容積內，不得分次移入不同送出基地之可移出容積

(D) 實施都市更新地區之可移入容積，以不超過該接受基地基準容積之 50% 為原則

八、古蹟歷史建築及聚落修復或再利用建築管理土地使用消防安全處理辦法第 1、3、4、6 條

關鍵字與法條	條文內容
依據 【古蹟歷史建築及聚落修復或再利用建築管理土地使用消防安全處理辦法#1】	本辦法依文化資產保存法第二十二條規定訂定之。
古蹟、歷史建築及聚落修復或再利用計畫得先行實施 【古蹟歷史建築及聚落修復或再利用建築管理土地使用消防安全處理辦法#3】	古蹟、歷史建築及聚落修復或再利用所涉及之土地或建築物,與當地土地使用分區管制規定不符者,於都市計畫區內,主管機關得請求古蹟、歷史建築及聚落所在地之都市計畫主管機關迅行變更;非都市土地部分,依區域計畫法相關規定辦理變更編定。 前項變更期間,古蹟、歷史建築及聚落修復或再利用計畫**得先行實施**。
應基於該文化資產保存目標與基地環境致災風險分析,提出因應計畫 【古蹟歷史建築及聚落修復或再利用建築管理土地使用消防安全處理辦法#4】	古蹟、歷史建築及聚落修復或再利用,於適用建築、消防相關法令有困難時,所有人、使用人或管理人除修復或再利用計畫外,**應基於該文化資產保存目標與基地環境致災風險分析,提出因應計畫**,送主管機關核准。 前項因應計畫內容如下: 一、文化資產之特性、再利用適宜性分析。 二、土地使用之因應措施。 三、建築管理、消防安全之因應措施。 四、結構與構造安全及承載量之分析。 五、其他使用管理之限制條件。
主管機關會同所在地之土地使用、建築及消防主管機關,依其核准之因應計畫查驗通過後,許可其使用 【古蹟歷史建築及聚落修復或再利用建築管理土地使用消防安全處理辦法#6】	古蹟、歷史建築及聚落修復或再利用工程竣工時,由**主管機關會同古蹟、歷史建築及聚落所在地之土地使用、建築及消防主管機關,依其核准之因應計畫查驗通過後,許可其使用**。 前項竣工書圖及因應計畫,應送古蹟、歷史建築及聚落所在地之土地使用、建築及消防主管機關備查。

題庫練習：

（B）　有關「古蹟歷史建築及聚落修復或再利用建築管理土地使用消防安全處理辦法」（以下稱本辦法）之條文敘述，下列何者錯誤？　　　【簡單】

(A) 本辦法依文化資產保存法第二十二條規定訂定之

(B) 修復或再利用所涉及之土地或建築物，與使用分區管制規定不符者，於都市計畫區內，主管機關得請求古蹟、歷史建築及聚落所在地之都市計畫主管機關迅行變更；前項變更期間，修復或再利 用計畫應暫停實施

(C) 修復或再利用，於適用建築消防相關法令有困難時，所有人或管理人除修復或再利用計畫外，應另提出因應計畫

(D) 修復或再利用工程完工時，由主管機關會同所在地之土地使用、建築及消防主管機關依核准計畫完成查驗後，許可其使用

九、農業用地興建農舍辦法第 5 條

關鍵字與法條	條文內容
申請興建農舍【農業用地興建農舍辦法 #5】	申請興建農舍之農業用地，有下列情形之一者，不得依本辦法申請興建農舍： 一、非都市土地工業區或河川區。 二、前款以外其他使用分區之水利用地、生態保護用地、國土保安用地或林業用地。 三、非都市土地森林區養殖用地。 四、其他違反土地使用管制規定者。 **申請興建農舍之農業用地，有下列情形之一者，不得依本辦法申請興建集村農舍：** **一、非都市土地特定農業區。** **二、非都市土地森林區農牧用地。** 三、都市計畫保護區。

（A）1.　關於在非都市土地興建農舍的法令規定，下列敘述何者正確？【困難】

(A) 水利用地或林業用地依法不能申請興建農舍

(B) 非都市土地森林區農牧用地可以申請興建集村農舍

(C) 非都市土地特定農業區可以申請興建集村農舍

(D) 申請興建農舍的農業用地，其農舍用地面積不得超過該農業用地面積的 5%

（C）2. 下列非都市土地，何者得依法申請興建農舍？　　　　　　【簡單】
  (A) 工業區
  (B) 山坡地保育區林業用地
  (C) 特定農業區
  (D) 森林區養殖用地

十、農業用地興建農舍辦法第 9 條

關鍵字與法條	條文內容
申請興建農舍 【農業用地興建農舍辦法 #9】	興建農舍起造人應為該農舍坐落土地之所有權人。 興建農舍應符合下列規定： 一、農舍興建圍牆，以不超過農舍用地面積範圍為限。 二、地下層每層興建面積，不得超過農舍建築面積，其**面積應列入總樓地板面積計算**。但依都市計畫法令或建築技術規則規定設置之**法定停車空間，得免列入總樓地板面積計算**。 三、申請興建農舍之農業用地，其**農舍用地面積不得超過該農業用地面積百分之十**，扣除農舍用地面積後，供農業生產使用部分之農業經營用地應為完整區塊，且其面積不得低於該農業用地面積百分之九十。

題庫練習：

（B）1. 依農業用地興建農舍辦法規定申請興建農舍，下列敘述何者錯誤？
　　　　　　　　　　　　　　　　　　　　　　　　　　　　　【簡單】
  (A) 起造人應為該農舍坐落土地之所有權人
  (B) 採用農舍標準圖樣興建農舍者，應由建築師設計
  (C) 非離島地區申請興建農舍之用地面積不得超過該農業用地面積 10%
  (D) 農舍地下層每層興建面積應列入總樓地板面積計算，但依法設置之法定停車空間得免列入

（A）2. 關於在非都市土地興建農舍的法令規定，下列敘述何者正確？【困難】
  (A) 水利用地或林業用地依法不能申請興建農舍
  (B) 非都市土地森林區農牧用地可以申請興建集村農舍
  (C) 非都市土地特定農業區可以申請興建集村農舍
  (D) 申請興建農舍的農業用地，其農舍用地面積不得超過該農業用地面積的 5%

十一、農業用地興建農舍辦法第 2 條、實施區域計畫地區建築管理辦法第 7、4-1、5 條

關鍵字與法條	條文內容
申請興建農舍之該筆農業用地面積限制 【農業用地興建農舍辦法 #2】	依本條例第十八條第一項規定申請興建農舍之申請人應為農民，且其資格應符合下列條件，並經直轄市、縣（市）主管機關核定： 一、年滿二十歲或未滿二十歲已結婚者。 二、申請人之戶籍所在地及其農業用地，須在同一直轄市、縣（市）內，且其土地取得及戶籍登記均應滿二年者。但參加興建集村農舍建築物坐落之農業用地，不受土地取得應滿二年之限制。 三、**申請興建農舍之該筆農業用地面積不得小於零點二五公頃。但參加興建集村農舍及於離島地區興建農舍者，不在此限。** 四、申請人無自用農舍者。申請人已領有個別農舍或集村農舍建造執照者，視為已有自用農舍。但該建造執照屬尚未開工且已撤銷或原申請案件重新申請者，不在此限。 五、申請人為該農業用地之所有權人，且該農業用地應確供農業使用及屬未經申請興建農舍者；該農舍之興建並不得影響農業生產環境及農村發展。 前項第五款規定確供農業使用與不影響農業生產環境及農村發展之認定，由申請人檢附依中央主管機關訂定之經營計畫書格式，載明該筆農業用地農業經營現況、農業用地整體配置及其他事項，送請直轄市、縣（市）主管機關審查。 直轄市、縣（市）主管機關為辦理第一項申請興建農舍之核定作業，得由農業單位邀集環境保護、建築管理、地政、都市計畫等單位組成審查小組，審查前二項、第三條、第四條至第六條規定事項。
原有農舍之修建，改建面積 【實施區域計畫地區建築管理辦法 #7】	**原有農舍之修建，改建或增建面積在四十五平方公尺以下之平房得免申請建築執照**，但其建蔽率及總樓地板面積不得超過本辦法之有關規定。
1. 活動斷層線通過地區 2. 建築物高度、簷高 【實施區域計畫地區建築管理辦法 #4-1】	**活動斷層線通過地區**，當地縣（市）政府得劃定範圍予以公告，並依左列規定管制： 一、不得興建公有建築物。 二、依非都市土地使用管制規則規定得為建築使用之土地，**其建築物高度不得超過二層樓、簷高不得超過七公尺**，並限作自用農舍或自用住宅使用。 三、於各種用地內申請建築自用農舍，除**其建築物高度不得超過二層樓、簷高不得超過七公尺外**，依第五條規定辦理。

關鍵字與法條	條文內容
1. 建築面積 2. 最大基層建築面積 【實施區域計畫地區建築管理辦法 #5】	於各種用地內申請建造自用農舍者，其總樓地板面積不得超過四百九十五平方公尺，**建築面積不得超過其耕地面積百分之十**，建築物高度不得超過三層樓並不得超過一〇·五公尺，但**最大基層建築面積不得超過三百三十平方公尺**。 前項自用農舍得免由建築師設計、監造或營造業承造。

題庫練習：

（C）	申請建造自用農舍時應符合之規定，下列何者錯誤？ (A) 申請興建農舍之該筆農業用地面積不得小於 0.25 公頃 (B) 原有農舍之修建，改建面積在 45m² 以下之平房得免申請建築執照 (C) 位於活動斷層線通過地區，建築物高度不得超過三層樓、簷高不得超過 10.5 m (D) 建築面積不得超過其耕地面積 10%，最大基層面積不得超過 330m²

十二、農業用地興建農舍辦法第 8 條

關鍵字與法條	條文內容
申請建造執照應備具之書圖文件 【農業用地興建農舍辦法 #8】	起造人申請興建農舍，除應依建築法規定辦理外，應備具下列書圖文件，向直轄市、縣（市）主管建築機關申請建造執照： 一、申請書：應載明申請人之姓名、年齡、住址、申請地號、申請興建農舍之農業用地面積、農舍用地面積、農舍建築面積、樓層數及建築物高度、總樓地板面積、建築物用途、建築期限、工程概算等。申請興建集村農舍者，並應載明建蔽率及容積率。 二、相關主管機關依第二條與第三條規定核定之文件、第九條第二項第五款放流水相關同意文件及第六款興建小面積農舍同意文件。 三、地籍圖謄本。 四、**土地權利證明文件。** 五、**土地使用分區證明。** 六、**工程圖樣**：包括農舍平面圖、立面圖、剖面圖，其**比例尺不小於百分之一。** 七、申請興建農舍之農業用地**配置圖**，包括農舍用地面積檢討、農業經營用地面積檢討、排水方式說明，其比例尺不小於一千二百分之一。

關鍵字與法條	條文內容
	申請興建農舍變更起造人時，除為繼承且在施工中者外，應依第二條第一項規定辦理；施工中因法院拍賣者，其變更起造人申請面積依法院拍賣面積者，不受第二條第一項第二款有關取得土地應滿二年與第三款最小面積規定限制。 本辦法所定農舍建築面積為第三條、第十條與第十一條第一項第三款相關法規所稱之基層建築面積；農舍用地面積為法定基層建築面積，且為農舍與農舍附屬設施之水平投影面積用地總和；農業經營用地面積為申請興建農舍之農業用地扣除農舍用地之面積。

題庫練習：

> （C）　依農業用地興建農舍辦法規定，起造人向直轄市、縣（市）主管建築機關申請建造執照應備具之書圖文件，下列何者錯誤？　　　【困難】
>
> 　　(A) 土地使用分區證明
>
> 　　(B) 土地權利證明文件
>
> 　　(C) 工程圖樣：包括農舍平面圖、立面圖、剖面圖，其比例尺不小於 200 分之 1
>
> 　　(D) 申請興建農舍之農業用地配置圖，其比例尺不小於 1200 分之 1

十三、農業用地興建農舍辦法第 11 條

關鍵字與法條	條文內容
以「集村」方式興建農舍者 【農業用地興建農舍辦法 #11】	以集村方式興建農舍者，其集村農舍用地面積應小於一公頃，以分幢分棟方式興建十棟以上未滿五十棟，一次集中申請，並符合下列規定： 一、二十位以上之農民為起造人，共同在一筆或數筆相毗連之農業用地整體規劃興建二十棟以上之農舍。但離島地區，得以十位以上之農民提出申請十棟以上之農舍。 二、除離島地區外，各起造人持有之農業用地，應位於同一鄉（鎮、市、區）或毗鄰之鄉（鎮、市、區），並應位同一種類之使用分區。但各起造人持有之農業用地位於特定農業區者，得以於一般農業區之農業用地興建集村農舍。 三、參加興建集村農舍之各起造人所持有之農業用地，其農舍建築面積計算，應依都市計畫法第八十五條授權訂定之施行細則與自治法規、實施區域計畫地區建築管理辦法、建築法、國家公園法及其他相關法令規定辦理。

關鍵字與法條	條文內容
	四、依前款相關法令規定計算出農舍建築面積之總和為集村興建之全部農舍用地面積，並應完整連接，不得零散分布。 五、興建集村農舍坐落之農舍用地，其建蔽率不得超過百分之六十，容積率不得超過百分之二百四十。但**農舍用地位於山坡地範圍者，其建蔽率不得超過百分之四十，容積率不得超過百分之一百二十。** 六、農舍坐落之該筆或數筆相毗連之農業用地，應有道路通達。該道路寬度十棟至未滿三十棟者，為六公尺；三十棟以上未滿五十棟者，為八公尺。 七、**農舍用地內通路之任一側應增設寬度一點五公尺以上之人行步道通達各棟農舍**，並有適當之喬木植栽綠化及夜間照明。其通路之面積，應計入法定空地計算。 八、農舍建築應依下列規定退縮，並應計入農舍用地面積： （一）農舍用地面臨經都市計畫法或相關法規公告之道路者，建築物應自道路境界線退縮八公尺以上建築。 （二）面臨前目經公告之道路、現有巷道其寬度未達八公尺者，其退縮建築深度至少應為該道路、現有巷道之寬度。 九、興建集村農舍應配合農業經營整體規劃，符合自用原則，於農舍用地**設置公共設施**；其應設置之公共設施如附表。 直轄市、縣（市）主管建築機關為辦理前項興建集村農舍建築許可作業，應邀集相關單位與專家學者組成審查小組辦理。
設置之公共設施	【戶數】 公共設施項目及設置基準 【十棟以上未滿三十棟】 一、每戶至少一個停車位。 二、基地內通路。 三、社區公共停車場：二十棟以下應至少設置二個車位。超過二十棟未滿三十棟時，應至少設置三個停車位。 四、公園綠地：以每棟六平方公尺計算。 【三十棟以上未滿五十棟】 一、每戶至少一個停車位。 二、基地內通路。 三、社區公共停車場：三十棟以上未滿四十棟時，應至少設置四個車位。四十棟以上未滿五十棟時，應至少設置五個車位。 四、**公園綠地：以每棟六平方公尺計算。** 五、廣場：以每棟九平方公尺計算。

題庫練習：

（A）	依農業用地興建農舍辦法，以「集村」方式興建農舍者，下列敘述何者錯誤？　　　　　　　　　　　　　　　　　　　　　　　【適中】

(A) 集村農舍用地面積應大於 1 公頃，規劃興建 20 棟以上之農舍
(B) 位於山坡地範圍者，其建蔽率不得超過 40%，容積率不得超過 120%
(C) 農舍用地內通路之任一側應增設寬度 1.5m 以上之人行步道通達各棟農舍
(D) 應設置之公共設施，公園綠地以每棟 6m² 計算

十四、招牌廣告及樹立廣告管理辦法第 3 條

關鍵字與法條	條文內容
招牌廣告地面 6m，屋頂 3m【招牌廣告及樹立廣告管理辦法 #3】	下列規模之招牌廣告及樹立廣告，**免申請雜項執照：** 一、正面式招牌廣告縱長未超過二公尺者。 二、**側懸式招牌廣告縱長未超過六公尺者。** 三、設置於地面之樹立廣告高度未超過六公尺者。 四、**設置於屋頂之樹立廣告高度未超過三公尺者。**

題庫練習：

（B）	1.	下列哪一項規模之招牌廣告免申請雜項執照？　　　　　　【適中】

(A) 正面式招牌廣告縱長未超過 3 公尺者
(B) 側懸式招牌廣告縱長未超過 6 公尺者
(C) 設置於地面之樹立廣告高度未超過 9 公尺者
(D) 設置於屋頂之樹立廣告高度未超過 6 公尺者

（B）	2.	依招牌廣告及樹立廣告管理辦法，設置於地面及屋頂之樹立廣告，高度各超過多少 m 應申請雜項執照？　　　　　　　　　　　【適中】

(A) 地面 3m，屋頂 6m　　　　　(B) 地面 6m，屋頂 3m
(C) 地面 3m，屋頂 3m　　　　　(D) 地面 6m，屋頂 6m

（D）	3.	依招牌廣告及樹立廣告管理辦法規定，下列何者得免申請雜項執照？　　　　　　　　　　　　　　　　　　　　　　　　　　【適中】

(A) 設置於地面之樹立廣告高度 7 公尺
(B) 設置於屋頂之樹立廣告高度 4 公尺
(C) 正面式招牌廣告縱長 3 公尺
(D) 側懸式招牌廣告縱長 5 公尺

十五、招牌廣告及樹立廣告管理辦法第 5 條

關鍵字與法條	條文內容
雜項執照辦理 【招牌廣告及樹立 廣告管理辦法 #5】	設置招牌廣告及樹立廣告者，應備具申請書，檢同設計圖說，設置處所之所有權或使用權證明及其他相關證明文件，向直轄市、縣（市）主管建築機關或其委託之專業團體申請審查許可。 設置應申請雜項執照之招牌廣告及樹立廣告，其申請審查許可，應併同申請**雜項執照**辦理。

題庫練習：

（BC）某十層樓高之企業總部大樓，擬於屋頂上樹立高度達 5m 高之廣告牌塔，依據招牌廣告及樹立廣告管理辦法應辦理：　　　　　【適中】
(A) 建築執照　　　　　　　　(B) 雜項執照
(C) 廣告物設立許可證　　　　(D) 臨時建築許可證

十六、招牌廣告及樹立廣告管理辦法第 12 條

關鍵字與法條	條文內容
招牌廣告許可之有 效期限 【招牌廣告及樹立 廣告管理辦法#12】	招牌廣告及樹立廣告許可之有效期限為五年，期限屆滿後，原雜項使用執照及許可失其效力，應重新申請審查許可或恢復原狀。

題庫練習：

（B）　依「招牌廣告及樹立廣告管理辦法」規定，樹立廣告之許可有效期限為幾年，屆期應重新申請審查許可或恢復原狀？　　　　　【適中】
(A) 3　(B) 5　(C) 6　(D) 8

十七、建築物室內裝修管理辦法第 3 條

關鍵字與法條	條文內容
1. 室內裝修行為 2. 高度超過地板面以上一點二公尺 【建築物室內裝修管理辦法 #3】	本辦法所稱室內裝修，指除壁紙、壁布、窗簾、家具、活動隔屏、地氈等之黏貼及擺設外之下列行為： 一、固著於建築物構造體之天花板裝修。 二、內部牆面裝修。 三、高度超過地板面以上一點二公尺固定之隔屏或兼作櫥櫃使用之隔屏裝修。 四、分間牆變更。

題庫練習：

（D）1.　依建築物室內裝修管理辦法規定，下列何者非屬室內裝修行為？【簡單】
　　　　(A) 高度超過 1.2 公尺固定於地板之隔屏
　　　　(B) 分間牆之變更
　　　　(C) 固著於建築物構造體之天花板裝修
　　　　(D) 活動隔屏、地毯之黏貼及擺設

（B）2.　下列何者不是建築物室內裝修管理辦法所稱室內裝修範疇項目？【適中】
　　　　(A) 固著於建築物構造體之天花板
　　　　(B) 高度超過 1m 固定於地板之隔屏
　　　　(C) 內部牆面，分間牆之變更
　　　　(D) 兼作櫥櫃使用之隔屏

（D）3.　依建築物室內裝修管理辦法，下列何者不屬於室內裝修認定之範圍？
　　　　　　　　　　　　　　　　　　　　　　　　　　　　　　　　　【簡單】
　　　　(A) 固著於建築物構造體之天花板裝修施工
　　　　(B) 高度超過 1.2 公尺，固定於地板之隔屏裝修施工
　　　　(C) 分間牆變更
　　　　(D) 活動隔屏

十八、建築物室內裝修管理辦法第 4 條

關鍵字與法條	條文內容
屬室內裝修從業者？ 【建築物室內裝修管理辦法 #4】	本辦法所稱室內裝修從業者，指開業建築師、營造業及室內裝修業。

題庫練習：

（D）1. 依建築物室內裝修管理辦法規定，下列何者不屬室內裝修從業者？
【簡單】
(A) 開業建築師　(B) 營造業　(C) 室內裝修業　(D) 室內裝潢人員

（D）2. 依建築物室內裝修管理辦法之規定，下列何者不是「室內裝修從業者」？
【簡單】
(A) 開業建築師　(B) 室內裝修業　(C) 土木包工業　(D) 機電技師

（C）3. 下列何者不是建築物室內裝修管理辦法所稱室內裝修從業者？【簡單】
(A) 營造業　(B) 室內裝修業　(C) 室內設計師　(D) 開業建築師

十九、建築物室內裝修管理辦法第 5 條

關鍵字與法條	條文內容
業者業務範圍 【建築物室內裝修 管理辦法 #5】	室內裝修從業者業務範圍如下： 一、依法登記開業之建築師得從事室內裝修設計業務。 二、依法登記開業之營造業得從事室內裝修施工業務。 三、室內裝修業得從事室內裝修設計或施工之業務。

題庫練習：

（D）1. 依建築物室內裝修管理辦法之規定，下列何者非屬室內裝修從業者？
【簡單】
(A) 開業建築師　(B) 營造業　(C) 室內裝修業　(D) 專業技師

（B）2. 有關建築物室內裝修管理辦法之敘述，下列何者錯誤？　【適中】
(A) 供公眾使用建築物，其室內裝修應依本辦法之規定辦理
(B) 依法登記開業之營造業與室內裝修業皆得從事室內裝修設計或施工業務
(C) 經內政部認定有必要之非供公眾使用建築物，其室內裝修應依本辦法之規定辦理
(D) 檢附建築師、土木、結構工程技師證書及申請書得向內政部辦理申領專業施工技術人員登記證

（D）3. 依建築物室內裝修管理辦法規定，室內裝修從業者業務範圍，下列敘述何者錯誤？　【適中】
(A) 依法登記開業之建築師得從事室內裝修設計業務
(B) 依法登記開業之營造業得從事室內裝修施工業務

(C) 室內裝修業得從事室內裝修設計或施工之業務
(D) 依法登記開業之工業技師得從事室內裝修設計之業務

二十、建築物室內裝修管理辦法第 9 條

關鍵字與法條	條文內容
專任專業技術人員之敘述 【建築物室內裝修管理辦法 #9】	室內裝修業應依下列規定置專任專業技術人員： 一、從事室內裝修設計業務者：專業設計技術人員一人以上。 二、從事室內裝修施工業務者：專業施工技術人員一人以上。 三、從事室內裝修設計及施工業務者：專業設計及專業施工技術人員各一人以上，或**兼具專業設計及專業施工技術人員身分一人以上**。 室內裝修業申請公司或商業登記時，其名稱應標示室內裝修字樣。

題庫練習：

（D）	有關室內裝修業應依法令規定置專任專業技術人員之敘述，下列何者與規定不符？ (A) 從事設計業務者，其專業設計技術人員 1 人以上 (B) 從事施工業務者，其專業施工技術人員 1 人以上 (C) 從事設計及施工業務者，專業設計及專業施工之技術人員各 1 人以上 (D) 從事設計及施工業務者，應由兼具專業設計及專業施工之技術人員身分 2 人以上

二十一、建築物室內裝修管理辦法第 17 條

關鍵字與法條	條文內容
1. 專業施工 2. 技術人員資格 【建築物室內裝修管理辦法 #17】	專業施工技術人員，應具下列資格之一： 一、**領有建築師、土木、結構工程技師證書者。** 二、領有建築物室內裝修工程管理、建築工程管理、裝潢木工或家具木工乙級以上技術士證，並於申請日前五年內參加內政部主辦或委託專業機構、團體辦理之**建築物室內裝修工程管理訓練達二十一小時以上領有講習結業證書者**。其為領得裝潢木工或家具木工技術士證者，應分別增加四十小時及六十小時以上，有關混凝土、金屬工程、疊砌、粉刷、防水隔熱、面材鋪貼、玻璃與壓克力按裝、油漆塗裝、水電工程及工程管理等訓練課程。

題庫練習：

（D） 下列何者**不具備建築物室內裝修管理辦法**之專業施工技術人員資格？

【適中】

(A) 領有建築師證書者

(B) 領有結構工程技師證書者

(C) 領有土木工程技師證書者

(D) 領有建築工程管理乙級以上技術士證，並經參加內政部主辦之建築物室內設計訓練達一定時數者

二十二、建築物室內裝修管理辦法第 23 條

關鍵字與法條	條文內容
無前次核准的室內裝修圖說，得以下列何者之簽證【建築物室內裝修管理辦法 #23】	申請室內裝修審核時，應檢附下列圖說文件： 一、申請書。 二、建築物權利證明文件。 三、前次核准使用執照平面圖、室內裝修平面圖或申請建築執照之平面圖。但經直轄市、縣（市）主管建築機關查明檔案資料確無前次核准使用執照平面圖或室內裝修平面圖屬實者，**得以經開業建築師簽證符合規定之現況圖替代之。** 四、室內裝修圖說。 前項第三款所稱現況圖為載明裝修樓層現況之防火避難設施、消防安全設備、防火區劃、主要構造位置之圖說，其比例尺不得小於二百分之一。

題庫練習：

（C） 申請室內裝修審核時，經主管建築機關查明無前次核准的室內裝修圖說，得以下列何者之簽證，符合規定之現況圖代替之？ 【簡單】

(A) 室內裝修專業設計技術人員 　　(B) 室內裝修專業施工技術人員

(C) 開業建築師 　　(D) 公證機構之公證人員

二十三、建築物室內裝修管理辦法第 25 條

關鍵字與法條	條文內容
室內裝修圖說應經由下列何者簽證？【建築物室內裝修管理辦法 #25】	室內裝修圖說應由開業建築師或專業設計技術人員署名負責。但建築物之分間牆位置變更、增加或減少經審查機構認定涉及公共安全時，應經**開業建築師簽證負責**。

題庫練習：

（C）　辦公空間的室內裝修作業，如需變更原有建築物防火區劃之分間牆，依建築物室內裝修管理辦法，其室內裝修圖說應經由下列何者簽證？【簡單】 　　　(A) 室內裝修專業設計技術人員　　　(B) 室內裝修專業施工技術人員 　　　(C) 開業建築師　　　　　　　　　　(D) 消防設備師

二十四、建築物室內裝修管理辦法第 26 條

關鍵字與法條	條文內容
審核項目【建築物室內裝修管理辦法 #26】	直轄市、縣（市）主管建築機關或審查機構應就下列項目加以審核： 一、申請圖說文件應齊全。 二、裝修材料及分間牆構造應符合建築技術規則之規定。 三、不得妨害或破壞防火避難設施、防火區劃及主要構造。

題庫練習：

（B）　依建築物室內裝修管理辦法規定，下列何者非屬直轄市、縣（市）主管建築機關應審核項目？【簡單】 　　　(A) 申請圖說文件應齊全 　　　(B) 建築物土地權利證明文件 　　　(C) 裝修材料及分間牆構造應符合建築技術規則之規定 　　　(D) 不得妨害或破壞防火避難設施、防火區劃及主要構造

二十五、建築物室內裝修管理辦法第 34 條

關鍵字與法條	條文內容
申請竣工查驗檢附之圖說文件？ 【建築物室內裝修管理辦法 #34】	申請竣工查驗時，應檢附下列圖說文件： 一、申請書。 二、原領室內裝修審核合格文件。 三、室內裝修竣工圖說。四、其他經內政部指定之文件。

題庫練習：

(B)	室內裝修申請竣工查驗時，下列何者不屬於應檢附之圖說文件？【適中】
	(A) 申請書　　　　　　　　　(B) 前次核准建築執照平面圖 (C) 原領室內裝修審核合格文件　(D) 其他經內政部指定文件

二十六、建築物室內裝修管理辦法第 36、39 條

關鍵字與法條	條文內容
廢止室內裝修業登記證 【建築物室內裝修管理辦法 #36】	室內裝修業有下列情事之一者，經當地主管建築機關查明屬實後，報請內政部廢止室內裝修業登記許可並註銷登記證： 一、登記證供他人從事室內裝修業務。 **二、受停業處分累計滿三年。** 三、受停止換發登記證處分累計三次。
廢止室內裝修業登記證 【建築物室內裝修管理辦法 #39】	專業技術人員有下列情事之一者，當地主管建築機關應查明屬實後，報請內政部廢止登記許可並註銷登記證： 一、專業技術人員登記證供所受聘室內裝修業以外使用。 二、十年內受停止執行職務處分累計滿二年。 三、受停止換發登記證處分累計三次。

題庫練習：

(A)	室內裝修業在下列何種情形，當地主管建築機關可依法報請內政部廢止室內裝修業登記證？　　　　　　　　　　　　　　　【簡單】
	(A) 受停業處分累計滿三年者 (B) 申請登記證所檢附之文件不實者 (C) 因可歸責於其之事由，致訂約後未依約完成工作者 (D) 拒絕主管機關業務督導者

二十七、建築物公共安全檢查簽證及申報辦法第 3、4、6、7、8、9 條

關鍵字與法條	條文內容
建築物公共安全檢查簽證及申報制度【建築物公共安全檢查簽證及申報辦法#3、4、6、7、8、9】	【建築物公共安全檢查簽證及申報辦法 #3】 建築物公共安全檢查申報範圍如下： 一、防火避難設施及設備安全標準檢查。 二、耐震能力評估檢查。
	【建築物公共安全檢查簽證及申報辦法 #4】 建築物公共安全檢查申報人（以下簡稱申報人）規定如下： 一、防火避難設施及設備安全標準檢查，為建築物所有權人或使用人。 二、耐震能力評估，為建築物所有權人。 前項建築物為公寓大廈者，得由其管理委員會主任委員或管理負責人代為申報。建築物同屬一使用人使用者，該使用人得代為申報耐震能力評估檢查。
	【建築物公共安全檢查簽證及申報辦法 #6】 標準檢查專業機構或專業人員應依防火避難設施及設備安全標準檢查簽證項目表（如附表二）辦理檢查，並將標準檢查簽證結果製成標準檢查報告書。 前項標準檢查簽證結果為提具改善計畫書者，應檢附改善計畫書。 附表二、建築物防火避難設施及設備安全標準檢查簽證項目表

項次	檢查項目	備註
（一）防火避難設施類	1. 防火區劃	一、辦理建築物防火避難設施及設備安全標準檢查之各檢查項目，應按實際現況用途檢查簽證及申報。 二、供 H-2 組別集合住宅使用之建築物，依本表規定之檢查項目為直通樓梯、安全梯、避難層出入口、昇降設備、避雷設備及緊急供電系統。
	2. 非防火區劃分間牆	
	3. 內部裝修材料	
	4. 避難層出入口	
	5. 避難層以外樓層出入口	
	6. 走廊（室內通路）	
	7. 直通樓梯	
	8. 安全梯	
	9. 屋頂避難平臺	
	10 緊急進口	

關鍵字與法條	條文內容

項次	檢查項目	備註
（二）設備安全類	1. 昇降設備	
	2. 避雷設備	
	3. 緊急供電系統	
	4. 特殊供電	
	5. 空調風管	
	6. 燃氣設備	

【建築物公共安全檢查簽證及申報辦法 #7】
下列建築物應辦理耐震能力評估檢查：
一、中華民國八十八年十二月三十一日以前領得建造執照，供建築物使用類組 A-1、A-2、B-2、B-4、D-1、D-3、D-4、F-1、F-2、F-3、F-4、H-1 組使用之樓地板面積累計達一千平方公尺以上之建築物，且該建築物同屬一所有權人或使用人。
二、經當地主管建築機關依法認定耐震能力具潛在危險疑慮之建築物。
前項第二款應辦理耐震能力評估檢查之建築物，得由當地主管建築機關依轄區實際需求訂定分類、分期、分區執行計畫及期限，並公告之。

【建築物公共安全檢查簽證及申報辦法 #8】
依前條規定應辦理耐震能力評估檢查之建築物，申報人應依建築物耐震能力評估檢查申報期間及施行日期（如附表三），**每二年辦理一次耐震能力評估檢查申報**。
前項申報期間，申報人得檢具下列文件之一，向當地主管建築機關申請展期二年，以一次為限。**但經當地主管建築機關認定有實際需要者，不在此限：**
一、委託依法登記開業建築師、執業土木工程技師、結構工程技師辦理補強設計之證明文件，及其簽證之補強設計圖（含補強設計之耐震能力詳細評估報告）。
二、依耐震能力評估檢查結果擬訂或變更都市更新事業計畫報核之證明文件。

【建築物公共安全檢查簽證及申報辦法 #9】
依第七條規定應辦理耐震能力評估檢查之建築物，申報人檢具下列文件之一，送當地主管建築機關備查者，得免辦理耐震能力評估檢查申報：
一、本辦法中華民國一百零七年二月二十一日修正施行前，已依建築物實施耐震能力評估及補強方案完成耐震能力評估及補強程序之相關證明文件。

關鍵字與法條	條文內容
	二、依法登記開業建築師、執業土木工程技師、結構工程技師出具之補強成果報告書。 三、已拆除建築物之證明文件。

題庫練習：

（C）1. 有關現行建築物公共安全檢查簽證及申報制度，下列敘述何者錯誤？
【困難】
(A) 建築物公共安全檢查申報範圍有防火避難設施標準檢查、設備安全標準檢查及耐震能力評估檢查三大項
(B) 如已委託依法登記開業建築師、執業土木工程技師或結構工程技師辦理補強設計並檢附其簽證之補強設計圖（含補強設計之耐震能力詳細評估報告），得向當地主管建築機關申請展期二年再辦理耐震能力評估檢查申報
(C) 如已依耐震能力評估檢查結果擬訂或變更都市更新事業計畫已報核並檢附證明文件，得免辦理耐震能力評估檢查申報
(D) 如已檢附依法登記開業建築師、執業土木工程技師或結構工程技師出具之補強成果報告書，得免辦理耐震能力評估檢查申報

（A）2. 依建築物公共安全檢查簽證及申報辦法規定，有關耐震能力評估檢查，下列敘述何者錯誤？(#7)
【困難】
(A) 中華民國 88 年 12 月 31 日以前領得建造執照之所有建築物均須列入檢查
(B) 經初步評估判定結果為尚無疑慮者，得免進行詳細評估
(C) 建築物同屬一使用人使用者，該使用人得代為申報
(D) 檢具已拆除建築物之證明文件，送當地主管機關備查者得免申報

（C）3. 依建築物公共安全檢查簽證及申報辦法規定，下列敘述何者正確？(#4)
【困難】
(A) 僅需申報建築物防火避難設施檢查
(B) 僅需申報耐震能力評估檢查
(C) 申報人為建築物所有權人或使用人，公寓大廈者得由主任委員或管理負責人代為申報
(D) 耐震能力評估檢查之申報人僅得為建築物所有權人

（D）4. 依建築物公共安全檢查簽證及申報辦法規定，下列何者非屬建築物公共安全檢查申報項目？(#6)
【困難】
(A) 直通樓梯　(B) 避難層出入口　(C) 昇降設備　(D) 消防安全設備

二十八、國家公園法第 12、15、14、27-1 條

關鍵字與法條	條文內容
國家公園管理分區 【國家公園法#12】	國家公園得按區域內現有土地利用型態及資源特性，劃分左列各區管理之： 一、一般管制區。二、遊憩區。三、史蹟保存區。四、**特別景觀區**。 五、生態保護區。
史蹟保存區許可單位 【國家公園法#15】	史蹟保存區內左列行為，應先經**內政部**許可： 一、古物、古蹟之修繕。 二、**原有建築物之修繕或重建**。 三、原有地形、地物之人為改變。
一般管制區或遊憩區內許可行為 【國家公園法#14】	一般管制區或遊憩區內，經國家公園管理處之許可，得為下列行為： 一、公私建築物或道路、橋樑之建設或拆除。 二、水面、水道之填塞、改道或擴展。 三、礦物或土石之勘採。 四、土地之開墾或變更使用。 五、垂釣魚類或放牧牲畜。 六、纜車等機械化運輸設備之興建。 七、溫泉水源之利用。 八、廣告、招牌或其類似物之設置。 九、原有工廠之設備需要擴充或增加或變更使用者。 十、其他須經主管機關許可事項。 前項各款之許可，其屬範圍廣大或性質特別重要者，國家公園管理處應報請內政部核准，並經內政部會同各該事業主管機關審議辦理之。
違規行為處罰 【國家公園法 #27-1】	國家自然公園之變更、管理及違規行為處罰，適用國家公園之規定。

題庫練習：

（D）1. 關於國家公園，下列敘述何者正確？　　　　　　　　　　　【適中】
　　(A) 國家公園得按土地利用型態及資源特性劃分為一般管制區、遊憩區、史蹟保存區、災害防護區及生態保護區
　　(B) 史蹟保存區內原有建築物之修繕或重建，應先經直轄市、縣（市）政府許可
　　(C) 進入國家公園之一般管制區者，應經國家公園管理處之許可

> (D) 國家自然公園也是依國家公園法劃設，其變更、管理及違規行為處罰，適用國家公園之規定
>
> （A）2.　有關國家公園內之土地利用分區管制，下列敘述何者正確？　【適中】
> (A) 一般管制區內得為纜車等機械化運輸設備之興建
> (B) 史蹟保存區內得為廣告、招牌或其他類似物之設置
> (C) 特別景觀區內得為溫泉水源之利用
> (D) 公有土地內設置之生態保護區，得為採集標本

二十九、國家公園法第 17 條

關鍵字與法條	條文內容
特別景觀區內許可行為 【國家公園法#17】	特別景觀區或生態保護區內，為應特殊需要，經國家公園管理處之許可，得為左列行為： **一、引進外來動、植物。二、採集標本。三、使用農藥。**

題庫練習：

（D）　國家公園內之特別景觀區，為應特殊需要，經國家公園管理處之許可，下列何者非屬得為之行為？（**國家公園法 #17**）　【適中】
(A) 引進外來動、植物　　　　　　　(B) 採集標本 (C) 使用農藥　　　　　　　　　　　(D) 溫泉水源之利用

三十、公共工程技術服務契約範本

關鍵字與法條	條文內容
【公共工程技術服務契約範本】	（一）契約包括下列文件： 　**1.招標文件及其變更或補充。** 　**2.投標文件及其變更或補充。** 　3.決標文件及其變更或補充。 　4.契約本文、附件及其變更或補充。 　5.依契約所提出之履約文件或資料。 　…… （三）契約所含各種文件之內容如有不一致之處，除另有規定外，依下列原則處理： 　**1.契約條款優於招標文件內之其他文件所附記之條款。但附記之條款有特別聲明者，不在此限。**

關鍵字與法條	條文內容
	2.招標文件之內容優於投標文件之內容。但投標文件之內容經機關審定優於招標文件之內容者,不在此限。招標文件如允許廠商於投標 文件內特別聲明,並經機關於審標時接受者,以投標文件之內容為準。 3.文件經機關審定之日期較新者優於審定日期較舊者。 **4.大比例尺圖者優於小比例尺圖者。** 5.施工補充說明書優於施工規範。 6.決標紀錄之內容優於開標或議價紀錄之內容。
履約期限延期條件?	四、履約期限延期: (一)契約履約期間,有下列情形之一,且確非可歸責於乙方,而需展延履約期限者,乙方應於事故發生或消失後,檢具事證,儘速以書面向甲方申請展延履約期限。甲方得審酌其情形後,以書面同意延長履約期限,不計算逾期違約金。其事由未達半日者,以半日計;逾半日未達一日者,以一日計。 1.發生契約規定不可抗力之事故。 2.因天候影響無法施工。 **3.甲方要求全部或部分暫停履約。** **4.因辦理契約變更或增加履約標的數量或項目。** **5.甲方應辦事項未及時辦妥。** 6.由甲方自辦或甲方之其他廠商因承包契約相關履約標的之延誤而影響契約進度者。 **7.其他非可歸責於乙方之情形,經甲方認定者。**
【公共工程技術服務契約範本】	甲方依乙方履約結果辦理採購,因乙方計算數量錯誤或項目漏列,致該採購結算之總採購金額較採購契約價金總額增減(不得互抵)逾百分之十者,應就超過百分之十部分,依增減採購金額占該採購契約價金總額之比率乘以契約價金規劃設計部分總額計算違約金。但本項累計違約金以契約價金總額之百分之十為上限。

題庫練習:

(C) 1. 有關行政院公共工程委員會頒布之勞務採購契約範本,明訂招標機關及得標廠商雙方共同遵守之條款,下列敘述何者正確? 【困難】
    (A) 契約包括決標及契約本文各階段文件附件及其變更或補充,而不含招標、投標階段文件及其補充
    (B) 契約所含各種文件之內容如有不一致之處,除另有規定外,原則小比例尺圖者優於大比例尺圖者

(C) 契約條款優於招標文件內之其他文件所附記之條款。但附記之條款有特別聲明者，不在此限

(D) 投標文件之內容優於招標文件之內容。但招標文件之內容經機關審定優於投標文件之內容者，不在此限

（D）2. 依行政院公共工程委員會制定之「公共工程技術服務契約範本」，下列何者不符合履約期限延期條件？

(A) 甲方要求全部或部分暫停履約

(B) 非可歸責於乙方之情形，經甲方認定者

(C) 因辦理契約變更或增加履約標的數量或項目

(D) 乙方應辦事項未及時辦妥

（B）3. 依行政院公共工程委員會制定之「公共工程技術服務契約範本」，因乙方計算數量錯誤或項目漏列，致該採購結算之總採購金額較採購契約價金總額增減（不得互抵）逾百分之幾時，應就超過部分，計算違約金？

(A) 10　　　　　(B)　　　　　5　(C)　　　　　15　(D)　　　　　20

（C）4. 依行政院公共工程委員會制定之「公共工程技術服務契約範本」，乙方履約結果涉及智慧財產權者時，下列敘述何者正確？

(A) 甲方取得全部權利　　　　(B) 甲方取得部分權利

(C) 依契約協議　　　　　　　(D) 甲方取得授權

三十一、公共工程施工品質管理作業要點

關鍵字與法條	條文內容		
1. 公共工程施工品質管理制度之理念 2. 三級品管制度	三層級品質管理之主要工作項目，詳如下表：		
	廠商（一級）	主辦機關（監造單位）（二級）	工程主管機關（三級）
	1. 訂定品質計畫並據以推動實施 2. 成立內部品管組織並訂定管理責任 3. 訂定施工要領 4. 訂定品質管理標準 5. 訂定材料及施工檢驗程序並據以執行	1. 訂定監造計畫並據以推動實施 2. 成立監造組織 3. 審查品質計畫並監督執行 4. 審查施工計畫並監督執行 5. 抽驗材料設備品質 6. 抽查施工品質 7. 執行品質稽核	1. 設置查核小組 2. 實施查核 3. 追蹤改善 4. 辦理獎懲

關鍵字與法條	條文內容		
	廠商（一級）	主辦機關（監造單位）（二級）	工程主管機關（三級）
	6. 訂定自主檢查表並執行檢查 7. 訂定不合格品之管制程序 8. 執行矯正與預防措施 9. 執行內部品質稽核 10. 建立文件紀錄管理系統	8. 建立文件紀錄管理系統	

題庫練習：

（A）1. 依公共工程施工品質管理制度，所謂三級品管制度中之一級係指下列何者？　　　　　　　　　　　　　　　　　　　　　　　　　【適中】
(A) 承包商　(B) 主辦單位　(C) 主管機關　(D) 監造單位

（D）2. 依公共工程施工品質管理制度三級品管制度，所謂二級係指下列何者？　　　　　　　　　　　　　　　　　　　　　　　　　　【適中】
(A) 設計單位　(B) 工程主管機關　(C) 承包商　(D) 主辦工程單位

（C）3. 公共工程施工品質管理制度中，施工計畫之製作是哪一個單位的責任？
(A) 設計　(B) 監造　(C) 施工　(D) 品質督導

（A）4. 公共工程施工品質管理制度中「確保施工作業品質符合規範要求」是哪一級的責任？　　　　　　　　　　　　　　　　　　　【適中】
(A) 一　(B) 二　(C) 三　(D) 四

（C）5. 公共工程施工品質管理制度中，「品管計畫書」製作是哪一單位的責任？　　　　　　　　　　　　　　　　　　　　　　　　　【簡單】
(A) 監造　(B) 設計　(C) 施工　(D) 品管督導

（D）6. 公共工程品管制度中所要求的「自主檢查表」是下列何者的工作？
　　　　　　　　　　　　　　　　　　　　　　　　　　　【非常簡單】
(A) 工程主管機關　(B) 主辦機關　(C) 監造單位　(D) 承包商

（B）7. 建築師事務所負責監造工作時與主辦機關同屬於三級品管制度中之何一層級？　　　　　　　　　　　　　　　　　　　　　　　【簡單】

(A) 一　(B) 二　(C) 三　(D) 四

（A）8. 有關公共工程施工品質管理制度之敘述，下列何者正確？　【簡單】

(A) 一級品管是承造人，二級品管是監造人，三級品管是工程督導單位

(B) 一級品管是業主，二級品管是承造人，三級品管是監造人

(C) 一級品管是監造人，二級品管是業主，三級品管是承造人

(D) 一級品管是工程督導單位，二級品管是監造人，三級品管是承造人

（B）9. 公共工程施工品質管理制度中「確保工程的施工成果能符合設計及規範之品質目標」，是哪一級的責任？　【適中】

(A) 一　(B) 二　(C) 三　(D) 四

三十二、公共工程施工品質管理作業要點第 10 條

關鍵字與法條	條文內容
監造現場人員規定【公共工程施工品質管理作業要點#10】	機關辦理新臺幣五千萬元以上之工程，其委託監造者，應於招標文件內訂定下列事項。但性質特殊之工程，得報經工程會同意後不適用之： （一）監造單位應比照第五點規定，置受訓合格之現場人員；每一標案最低人數規定如下： 　　1.新臺幣五千萬元以上未達二億元之工程，至少一人。 　　2.新臺幣二億元以上之工程，至少二人。 （二）前款現場人員應專職，不得跨越其他標案，且**監造服務期間應在工地執行職務**。 （三）監造單位應於開工前，將其符合第一款規定之現場人員之登錄表（如附表三）經機關核定後，由機關填報於工程會資訊網路備查；上開人員異動或工程竣工時，亦同。 機關辦理未達新臺幣五千萬元之工程，得比照前項規定辦理。**機關自辦監造者，其現場人員之資格、人數、專職及登錄規定，比照前二項規定辦理。但有特殊情形，得報經上級機關同意後不適用之。**

題庫練習：

（D）1. 機關辦理工程，其委託監造者，有關監造現場人員規定，下列敘述何者錯誤？　【非常簡單】

(A) 新臺幣 5 千萬元以上未達 2 億元之工程案，每標至少 1 人

(B) 新臺幣 2 億元以上之工程，每標至少 2 人

(C) 監造服務期間，現場人員應在工地執行職務

(D) 機關自辦監造者，無須指派監造現場人員

（A）2. 依行政院公共工程委員會制定之「公共工程技術服務契約範本」，建造費用百分比法派駐之監造人力，源自下列何者？　　　　【適中】

(A) 公共工程品質管理作業要點

(B) 機關委託技術服務廠商評選及計費辦法

(C) 採購契約要項

(D) 政府採購法施行細則

三十三、機關委託技術服務廠商評選及計費辦法第 19 條

關鍵字與法條	條文內容
應辦理競圖 【機關委託技術服務廠商評選及計費辦法 #19】	1. 機關委託廠商辦理新建建築物之技術服務，其服務費用之採購金額在**新臺幣五百萬元以上**，且服務項目包括規劃、設計者，應要求廠商提出服務建議書及規劃、設計構想圖說（配置圖、平面圖、立面圖、剖面圖、透視圖等），並應辦理競圖。 2. 技術服務涉及競圖者，招標文件除依第十一條規定者外，應另載明下列事項： 　一、計畫之目標及原則。 　二、工程名稱及地點。 　三、基地資料，包括土地權屬地籍圖謄本、都市計畫圖說、地形圖或現況實測圖、地質調查資料、可能存在之淹水、斷層等資料及其他相關資料。 　四、規劃、設計內容，包括室內外空間用途、數量、使用人數或面積、使用方式、設備需求、特殊需求及其他需求。 　五、允許增減面積比率。 　六、工程經費概算。 　七、工程期限。 　八、圖說內容、比例尺、大小尺寸、張數及裱裝方式等。 　九、表現方式，包括模型、透視圖及顏色需求等。 　十、其他必要事項。 3. 技術服務金額未達新臺幣五百萬元之規劃、設計採購，其採競圖方式辦理者，準用前項規定。但得不要求製作模型及彩繪透視圖。

題庫練習：

（B）	依機關委託技術服務廠商評選及計費辦法規定，機關辦理新建建築物規劃、設計之技術服務採購，其採購金額最低為新臺幣多少以上應辦理競圖？　　　　　　　　　　　　　　　　　　　　　　　　　　【適中】 (A) 300 萬元　　(B) 500 萬元　　(C) 600 萬元　　(D) 1000 萬元

三十四、機關委託技術服務廠商評選及計費辦法第 29 條

關鍵字與法條	條文內容
計費 【**機關委託技術服務廠商評選及計費辦法 #29**】	機關委託廠商辦理技術服務，服務費用採建造費用百分比法計費者，其服務費率應按工程內容、服務項目及難易度，參考**附表一**至附表四，訂定建造費用之費率級距及各級費率，簽報機關首長或其授權人員核定，並於招標文件中載明。服務項目屬附表所載不包括者，其費用不含於建造費用百分比法計費範圍，應單獨列項供廠商報價，或參考第二十五條之一規定估算結果，於招標文件中載明固定費用。 前項建造費用，指經機關核定之工程採購底價金額或評審委員會建議金額，不包括規費、規劃費、設計費、監造費、專案管理費、物價指數調整工程款、營業稅、土地及權利費用、法律費用、主辦機關所需工程管理費、承包商辦理工程之各項利息、保險費及招標文件所載其他除外費用。 工程採購無底價且無評審委員會建議金額者，第一項建造費用以工程預算代之。但應扣除前項不包括之費用及稅捐等。 第一項工程於履約期間有契約變更、終止或解除契約之情形者，服務費用得視實際情形協議增減之。其費用之計算由雙方協議依第二十五條規定之方式辦理。

補充資料：

附表一、建築物工程技術服務建造費用百分比參考表

建造費用（新臺幣）	服務費用百分比參考（％）				
	第一類	第二類	第三類	第四類	第五類
五百萬元以下部分	八・六	九・三	九・八	十・五	比照服務成本加公費法編列，或比照第四類辦理。
超過五百萬元至一千萬元部分	八・○	八・七	九・三	十・○	

建造費用（新臺幣）	服務費用百分比參考（%）				
	第一類	第二類	第三類	第四類	第五類
超過一千萬元至五千萬元部分	六‧九	七‧六	八‧二	八‧九	
超過五千萬元至一億元部分	五‧八	六‧四	七‧〇	七‧六	
超過一億元至五億元部分	四‧六	五‧二	五‧八	六‧四	
超過五億元部分	三‧七	四‧三	五‧〇	五‧六	

第一類	五層以下之辦公室、教室、宿舍、國民住宅、幼兒園、倉庫或農漁畜牧棚舍等及其他類似建築物暨雜項工作物。
第二類	一、四層以下之普通實驗室、實習工場、溫室、陳列室、市場、育樂中心、禮堂、俱樂部、餐廳、診所、視廳教室、殯葬設施、冷凍庫、加油站或停車建築物等及其他類似建築物。 二、游泳池，運動場或靶場。 三、六層至十二層之第一類用途建築物。
第三類	一、圖書館、研究實驗室、體育館、競技場、工業廠房、戲院、電影院、天文臺、美術館、藝術館、博物館、科學館、水族館、展示場、廣播及電視臺、監獄或看守所等及其他類似之建築物。 二、十三層以上之第一類用途建築物。 三、第二類第一項用途之建築物其樓層超過四層者。
第四類	航空站、旅館、音樂廳、劇場、歌劇院、醫院、忠烈祠、孔廟、寺廟或紀念性建築物及其他類似之建築物。
第五類	一、歷史性建築之工程。 二、其他建築工程之環境規劃設計業務，如社區、校園或山坡地開發、許可等。
附註	一、本表所列服務費用包括規劃、設計及監造三項，原則上規劃占百分之十，設計占百分之四十五，監造占百分之四十五，但機關得視個案特性及實際需要調整該百分比之組成。 二、建築師依法律規定須交由結構、電機或冷凍空調等技師或消防設備師辦理之工程所需費用，包含於本表所列設計監造服務費用內，不另給付。 三、本表所列服務費用占建造費用之百分比，應按金額級距分段計算。

題庫練習：

（D）	依建築物工程技術服務建造費用百分比法計費者，除機關已視個案特性及實際需要調整外，其服務費用包括規劃、設計及監造三項，原則上各占百分之多少？　　　　　　　　　　　　　　　　　　　　【適中】 (A) 規劃：設計：監造 = 5%：55%：40% (B) 規劃：設計：監造 = 10%：45%：45% (C) 規劃：設計：監造 = 0%：45%：55% (D) 規劃：設計：監造 = 10%：40%：50%

三十五、公共工程施工品質管理作業要點第 11 條

關鍵字與法條	條文內容
派駐現場人員工作重點 【**公共工程施工品質管理作業要點 #11**】	監造單位及其所派駐現場人員工作重點如下： （一）訂定監造計畫，並監督、查證廠商履約。 （二）施工廠商之施工計畫、品質計畫、預定進度、施工圖、器材樣品及其他送審案件之審查。 （三）重要分包廠商及設備製造商資格之審查。 （四）訂定檢驗停留點（限止點），並於適當檢驗項目會同廠商取樣送驗。 （五）施工廠商放樣、施工基準測量及各項測量之校驗。 （六）抽查施工作業及抽驗材料設備，並填具抽查（驗）紀錄表。 （七）發現缺失時，應即通知廠商限期改善，並確認其改善成果。 （八）督導施工廠商執行工地安全衛生、交通維持及環境保護等工作。 （九）履約進度及履約估驗計價之審核。 （十）履約界面之協調及整合。 （十一）契約變更之建議及協辦。 （十二）機電設備測試及試運轉之監督。 （十三）審查竣工圖表、工程結算明細表及契約所載其他結算資料。 （十四）驗收之協辦。 （十五）協辦履約爭議之處理。 （十六）依規定填報監造報表（參考格式如附表五 -1；屬建築物者，監造人另應依規定填報附表五 -2）。 （十七）其他工程事宜。前項各款得依工程之特性及實際需要，擇項訂之。如屬委託監造者，應訂定於招標文件內。

題庫練習：

（D）	依公共工程施工品質管理作業要點規定，監造單位派駐現場人員之工作，不包括下列何者？　　　　　　　　　　　　　　　　　【適中】
	(A) 抽驗材料設備　　　　　　　　(B) 抽查施工作業
	(C) 訂定監造計畫　　　　　　　　(D) 辦理施工自主檢查

三十六、公共工程施工品質管理作業要點第 33 條

關鍵字與法條	條文內容
工程數量清單之效用 【公共工程施工品質管理作業要點 #33】	工程採購契約所附供廠商投標用之數量清單，其數量為估計數，不應視為廠商完成履約所須供應或施作之實際數量。
工程會 - 公共工程施工綱要規範編碼 鋼筋除外	00 招標文件及契約要項、01 一般要求、02 現場工作、**03 混凝土**、**04 圬工**、**05 金屬**、06 木作及塑膠、07 隔熱及防潮、08 門窗、09 裝修、10 特殊設施、11 設備、12 裝潢、13 特殊構造物、14 輸送系統、15 機械、16 電機

題庫練習：

（A）1.	根據行政院公共工程委員會所訂頒之契約要項之精神，有關工程採購契約所附供廠商投標用之數量清單之敘述，下列何者正確？　【適中】
	(A) 估計數，不應視為廠商完成履約所須供應或施作之實際數量
	(B) 精確數，廠商必須完成所有數量
	(C) 預算數，得於議價時增減之
	(D) 結算數，作為結算金額之依據
（D）2.	公共工程施工綱要規範編碼系統中，03 字頭代表哪一類工作項目？ 　　　　　　　　　　　　　　　　　　　　　　　　　【適中】
	(A) 鋼筋　　(B) 圬工　　(C) 金屬　　(D) 混凝土

三十七、開發行為應實施環境影響評估細目及範圍認定標準第 26 條

關鍵字與法條	條文內容
實施環境影響評估【開發行為應實施環境影響評估細目及範圍認定標準 #26】	高樓建築，其高度一百二十公尺以上者，應實施環境影響評估。

題庫練習：

（C）　依開發行為應實施環境影響評估細目及範圍認定標準第 26 條規定，高樓建築其高度至少多少公尺以上者應實施環境影響評估？　　　【適中】
(A) 60　(B) 90　(C) 120　(D) 150

三十八、產業創新條例第 68 條

關鍵字與法條	條文內容
編定之工業區【產業創新條例 #68】	本條例施行前，依原**獎勵投資條例**或原**促進產業升級條例**編定之**工業用地或工業區**，適用本條例之規定。

題庫練習：

（C）　下列何者屬獎勵投資條例、促進產業升級條例或產業創新條例所編定之工業區？　　　【困難】
(A) 新竹科學工業園區　　　　(B) 臺中加工出口區
(C) 五股工業區　　　　　　　(D) 屏東農業科技園區

三十九、建築物公共安全檢查簽證及申報辦法第 5 條

關鍵字與法條	條文內容			
每幾年申報 1 次【建築物公共安全檢查簽證及申報辦法 #5】	防火避難設施及設備安全標準檢查申報期間及施行日期			
	類別			樓地板面積	頻率
	A 類 公共集會類	A-1 集會表演		每一年一次
	B 類 商場百貨	B-2 商場百貨	500 平方公尺以上	每一年一次
	C 類 工業、倉儲類	C-1 特殊廠庫	1000 平方公尺以上	每一年一次
	D 類 休閒、文教類	D-1 健康休閒	300 平方公尺以上	每一年一次
		D-5 補教托育		每一年一次
	F 類 衛生、福利、更生類	F-1 醫療照顧	1500 平方公尺以上	每一年一次
		F-2 社會福利	500 平方公尺以上	每一年一次
		F-3 兒童福利	500 平方公尺以上	每一年一次
	G 類 辦公、服務類	G-1 金融證券	500 平方公尺以上	每二年一次
			未達 500 平方公尺	每四年一次
		G-2 辦公場所	2000 平方公尺以上	每二年一次
			500～2000 平方公尺	每四年一次

題庫練習：

（B）1. 依建築物公共安全檢查簽證及申報辦法規定，辦公、服務類（G-1）組樓地板面積在 500 平方公尺以上者，應每幾年申報 1 次？　　【適中】
(A) 1 年　(B) 2 年　(C) 3 年　(D) 4 年

（C）2. 依建築物公共安全檢查簽證及申報辦法，500m² 以上之何種建物應每一年按規定期限內檢查申報？　　【適中】
(A) 一般工廠　(B) 會議廳　(C) 補習班教室　(D) 一般辦公室

四十、建築物公共安全檢查簽證及申報辦法

關鍵字與法條	條文內容		
安全檢查簽證之防火避難設施項目？	附表二、建築物防火避難設施及設備安全標準檢查簽證項目表		

項次		檢查項目	備註
（一）防火避難設施類		1. 防火區劃	一、辦理建築物防火避難設施及設備安全標準檢查之各檢查項目，應按實際現況用途檢查簽證及申報。 二、供 H-2 組別集合住宅使用之建築物，依本表規定之檢查項目為直通樓梯、安全梯、避難層出入口、昇降設備、避雷設備及緊急供電系統。
		2. 非防火區劃分間牆	
		3. 內部裝修材料	
		4. 避難層出入口	
		5. 避難層以外樓層出入口	
		6. 走廊（室內通路）	
		7. 直通樓梯	
		8. 安全梯	
		9. 屋頂避難平臺	
		10 緊急進口	
（二）設備安全類		1. 昇降設備	
		2. 避雷設備	
		3. 緊急供電系統	
		4. 特殊供電	
		5. 空調風管	
		6. 燃氣設備	

題庫練習：

（A）1. 下列何者不是「建築物公共安全檢查簽證及申報辦法」中所規定安全檢查簽證之防火避難設施項目？　　　　　　　　　　【適中】
(A) 消防栓箱、昇降設備
(B) 屋頂避難平臺、緊急進口
(C) 直通樓梯、走廊
(D) 避難層出入口、避難層以外樓層出入口

（C）2. 下列何者不是「建築物公共安全檢查簽證及申報辦法」中所規定安全檢查簽證之防火避難設施項目？　　　　　　　　　　【適中】
(A) 屋頂避難平台　　(B) 安全梯　　(C) 昇降設備　　(D) 直通樓梯

四十一、建築物公共安全檢查簽證及申報辦法

關鍵字與法條	條文內容
建築物公共安全檢查簽證及申報辦法	供 H-2 組別集合住宅使用之建築物，依本表規定之檢查項目為直通樓梯、**安全梯**、避難層出入口、昇降設備、避雷設備及緊急供電系統。

題庫練習：

（D）　依建築物公共安全檢查簽證及申報辦法，供住宿類（H-2）組集合住宅使用之建築物，規定檢查項目 除直通樓梯、避難層出入口、昇降設備、避雷設備、緊急供電系統外，尚包括下列哪一項？　　　【適中】
(A) 內部裝修材料　(B) 走廊　(C) 防火區劃　(D) 安全梯

四十二、建築物使用類組及變更使用辦法第 8 條

關鍵字與法條	條文內容
【建築物使用類組及變更使用辦法 #8】	本法第七十三條第二項所定有本法第九條建造行為以外主要構造、防火區劃、防火避難設施、消防設備、停車空間及其他與原核定使用不合之變更者，**應申請變更使用執照之規定如下**： 一、建築物之基礎、樑柱、承重牆壁、樓地板等之變更。 二、防火區劃範圍、構造或設備之調整或變更。 三、防火避難設施： （一）直通樓梯、安全梯或特別安全梯之構造、數量、步行距離、總寬度、避難層出入口數量、寬度及高度、避難層以外樓層出入口之寬度、樓梯及平臺淨寬等之變更。 （二）走廊構造及寬度之變更。 （三）緊急進口構造、排煙設備、緊急照明設備、緊急用昇降機、屋頂避難平臺、防火間隔之變更。 四、供公眾使用建築物或經中央主管建築機關認有必要之非供公眾使用建築物之消防設備之變更。 **五、建築物或法定空地停車空間之汽車或機車車位之變更。** 六、建築物獎勵增設營業使用停車空間之變更。 七、建築物於原核定建築面積及各層樓地板範圍內設置或變更之昇降設備。 八、建築物之共同壁、**分戶牆**、**外牆**、防空避難設備、機械停車設備、中央系統空氣調節設備及開放空間，或其他經中央主管建築機關認定項目之變更。

題庫練習：

（C）1. 建築物在何種情形下不必申請「變更使用執照」？　　　　　　　【簡單】
(A) 變更使用類組　　　　　　　(B) 變更汽機車停車位
(C) 變更分間牆　　　　　　　　(D) 變更分戶牆

（B）2. 依建築法之相關規定，一幢十層樓之舊住宅大樓進行外牆立面翻新時，須申請的許可為何？　　　　　　　　　　　　　　　　　　　【適中】
(A) 建造執照（改建）　　　　　(B) 變更使用執照
(C) 雜項執照　　　　　　　　　(D) 不須申請

四十三、建築物使用類組及變更使用辦法第 9 條

關鍵字與法條	條文內容
展期最長不得超過幾年 【建築物使用類組及變更使用辦法#9】	建築物申請變更使用無須施工者，經直轄市、縣（市）主管建築機關審查合格後，發給變更使用執照或核准變更使用文件；其須施工者，發給同意變更文件，並核定施工期限，最長不得超過二年。申請人因故未能於施工期限內施工完竣時，得於期限屆滿前申請展期六個月，並以一次為限。未依規定申請展期或已逾展期期限仍未完工者，其同意變更文件自規定得展期之期限屆滿之日起，失其效力。 領有同意變更文件者，依前項核定期限內施工完竣後，應申請竣工查驗，經直轄市、縣（市）主管建築機關查驗與核准設計圖樣相符者，發給變更使用執照或核准變更使用文件。不符合者，一次通知申請人改正，申請人應於接獲通知之日起三個月內，再報請查驗；屆期未申請查驗或改正仍不合規定者，駁回該申請案。

題庫練習：

（D）1. 依建築物使用類組及變更使用辦法規定，建築物申請變更使用經直轄市、縣（市）主管建築機關審查合格後須施工者，其核定施工期限，不含展期最長不得超過幾年？　　　　　　　　　　　　　　　【適中】
(A) 0.5 年　(B) 1 年　(C) 1.5 年　(D) 2 年

（C）2. 建築物申請變更使用須施工者，經直轄市、縣（市）主管建築機關審查合格後，發給同意變更文件，並核定施工期限，不含展期，最長不得超過多久？　　　　　　　　　　　　　　　　　　　　　　　　　【適中】
(A) 6 個月　(B) 1 年　(C) 2 年　(D) 3 年

四十四、建築基地法定空地分割辦法第 3、3-1、6 條

關鍵字與法條	條文內容
1. 建蔽率 2. 單獨申請建築 3. 獨立之出入口 【建築基地法定空地分割辦法 #3】	建築基地之法定空地併同建築物之分割，非於分割後合於左列各款規定者不得為之。 一、**每一建築基地之法定空地與建築物所占地面應相連接，連接部分寬度不得小於二公尺。** 二、**每一建築基地之建蔽率應合於規定。**但本辦法發布前已領建造執照，或已提出申請而於本辦法發布後方領得建造執照者，不在此限。 三、**每一建築基地均應連接建築線並得以單獨申請建築。** 四、**每一建築基地之建築物應具獨立之出入口。**
得准單獨申請分割 【建築基地法定空地分割辦法 #3-1】	本辦法發布前，已提出申請或已領建造執照之建築基地內依法留設之私設通路提供作為公眾通行者，**得准單獨申請分割。**
依法院判決辦理 【建築基地法定空地分割辦法 #6】	建築基地之土地經法院判決分割確定，申請人檢附法院確定判決書申辦分割時，地政機關應**依法院判決辦理。** 依前項規定分割為多筆地號之建築基地，其部分土地單獨申請建築者，應符合第三條或第四條規定。

題庫練習：

(B) 1. 依建築基地法定空地分割辦法規定，下列敘述何者正確？　　【適中】
(A) 分割後之各建築基地建蔽率得合併檢討
(B) 每一建築基地均應連接建築線並得以單獨申請建築，且每一建築物應具獨立之出入口
(C) 建築基地之土地經法院判決分割確定，申請人檢附法院確定判決書申辦分割時，地政機關可不依法院判決辦理
(D) 在「建築基地法定空地分割辦法」發布前，已提出申請或已領建造執照之建築基地內依法留設之私設通路提供作為公眾通行者，不得單獨申請分割

(B) 2. 依建築基地法定空地分割辦法規定，建築基地之法定空地併同建築物之分割，每一建築基地之法定空地與建築物所占地面應連接，連接部分寬度不得小於多少公尺？　　【適中】
(A) 1.5　(B) 2　(C) 3　(D) 5

四十五、建築物部分使用執照核發辦法第 3 條

關鍵字與法條	條文內容
完竣後可供獨立使用者 【建築物部分使用執照核發辦法 #3】	本法第七十條之一所稱建築工程部分完竣，係指下列情形之一者： 一、二幢以上建築物，其中任一幢業經全部施工完竣。 二、連棟式建築物，其中任一棟業經施工完竣。 三、高度超過三十六公尺或十二層樓以上，或建築面積超過八〇〇〇平方公尺以上之建築物，其中任一樓層至基地地面間各層業經施工完竣。 前項所稱幢、棟定義如下： 一、幢：建築物地面層以上結構體獨立不與其他建築物相連，地面層以上其使用機能可獨立分開者。 二、棟：以一單獨或共同出入口及以無開口之防火牆及防火樓板所區劃分開者。

題庫練習：

（C）1. 依建築物部分使用執照核發辦法規定，建築工程部分完竣後可供獨立使用者，得核發部分使用執照，下列敘述何者錯誤？　　　　【適中】
　　(A) 2 幢以上建築物，其中任一幢業經全部施工完竣
　　(B) 連棟式建築物，其中任一棟業經施工完竣
　　(C) 高度超過 10 層樓以上，其中任一樓層至基地地面間各層業經施工完竣
　　(D) 建築面積超過 8000 平方公尺以上之建築物，其中任一樓層至基地地面間各層業經施工完竣

（B）2. 依建築法建築工程部分完竣，可取得部分使用執照，下列何者不屬部分完竣？　　　　【適中】
　　(A) 二幢以上建築物，其中一幢全部施工完竣
　　(B) 地面以下之建築工程完竣，地面以上尚未完工
　　(C) 連棟式建築物，其中一棟業經施工完竣
　　(D) 高層建築物之低層部分完工，高層部分尚未完工

（B）3. 下列哪一種情形不符合建築法規所稱建築工程部分完竣？　　【適中】
　　(A) 連棟式建築物，其中任一棟業經施工完竣
　　(B) 建築面積 6000 平方公尺的建築物，其中任一樓層至基地地面間各層業經施工完竣
　　(C) 12 層樓的建築物，其中任一樓層至基地地面間各層業經施工完竣
　　(D) 高度 50 公尺的建築物，其中任一樓層至基地地面間各層業經施工完竣

四十六、非都市土地開發審議作業規範第 1-1、2、16、17-1、17-2、24 條

關鍵字與法條	條文內容
【非都市土地開發審議作業規範 #1-1】	申請開發基地位於一般農業區者，**面積須為十公頃以上。**
【非都市土地開發審議作業規範 #2】	申請開發之基地位於山坡地者，其保育區面積不得小於扣除不可開發區面積後之剩餘基地面積的百分之四十。保育區面積之百分之七十以上應維持原始之地形面貌，不得開發。 三、基地內之原始地形在坵塊圖上之平均坡度在百分之三十以下之土地面積應佔全區總面積百分之三十以上或三公頃以上。
【非都市土地開發審議作業規範 #16】	基地內之原始地形在坵塊圖上之平均坡度在**百分之四十以上**之地區，其面積之**百分之八十**以上土地應維持原始地形地貌，且為不可開發區，其餘土地得規劃作道路、公園、及綠地等設施使用。 坵塊圖上之平均坡度在百分之**三十以上未逾四十**之地區，以作為開放性之公共設施或必要性服務設施使用為限，不得作為建築基地（含法定空地）。 滯洪設施之設置地點位於平均坡度在百分之三十以上地區，且符合下列各款規定者，經區域計畫委員會審查同意後，得不受前二項規定限制： （一）設置地點之選定確係基於水土保持及滯洪排水之安全考量。 （二）設置地點位於山坡地集水區之下游端且區位適宜。 （三）該滯洪設施之環境影響評估及水土保持規劃業經各該主管機關審查通過。 （四）申請人另提供位於平均坡度在百分之三十以下地區，與滯洪設施面積相等之土地。但該土地除規劃為保育目的之綠地外，不得進行開發使用。 申請開發基地之面積在十公頃以下者，原始地形在坵塊圖上之**平均坡度在百分之三十以下之土地面積應占全區總面積百分之三十或三公頃以上**；申請開發基地之面積在十公頃以上者，其可開發面積如經區域計畫委員會審查認為不符經濟效益者，得不予審查或作適度調整。
【非都市土地開發審議作業規範 #17-1】	基地應配合自然地形、地貌及地質不穩定地區，**設置連貫並儘量集中之保育區**，以求在功能上及視覺上均能發揮最大之保育效果。除必要之道路、公共設施或必要性服務設施、公用設備等用地無法避免之狀況外，保育區之完整性與連貫性不得為其它道路、公共設施、公用設備用地切割或阻絕。

關鍵字與法條	條文內容
【非都市土地開發審議作業規範 #17-2】	申請開發之基地位於山坡地者，其保育區面積不得小於扣除不可開發區面積後之剩餘基地面積的**百分之四十**。保育區面積之**百分之七十**以上應維持原始之地形面貌，不得開發。
【非都市土地開發審議作業規範 #24】	基地開發應分析環境地質及基地地質，潛在地質災害具有影響相鄰地區及基地安全之可能性者，其災害影響範圍內不得開發。但敘明可排除潛在地質災害者，並經依法登記開業之相關地質專業技師簽證，在能符合本規範其他規定之原則下，不在此限。 **潛在地質災害之分析資料如係由政府相關專業機關提供，並由機關內依法取得相當類科技師證書者為之者，不受前項應經依法登記開業之相關地質專業技師簽證之限制。** **開發基地位於地質法公告之地質敏感區且依法應進行基地地質調查及地質安全評估者，應納入地質敏感區基地地質調查及地質安全評估結果。**

題庫練習：

（D）1. 依非都市土地開發審議作業規範規定，有關非都市土地開發後基地內之透水面積，下列敘述何者正確？　【困難】
(A) 住宅社區開發後基地內之透水面積，山坡地不得小於扣除不可開發區及保育區面積後剩餘基地面積的 60%，平地不得小於 35%
(B) 遊憩設施區開發後基地內之透水面積，山坡地不得小於扣除不可開發區及保育區面積後剩餘基地面積的 40%，平地不得小於 25%
(C) 遊憩設施區開發後基地內之透水面積，山坡地不得小於扣除不可開發區及保育區面積後剩餘基地面積的 60%，平地不得小於 30%
(D) 住宅社區開發後基地內之透水面積，山坡地不得小於扣除不可開發區及保育區面積後剩餘基地面積的 50%，平地不得小於 30%

（D）2. 依非都市土地開發審議作業規範規定，如有一塊位於山坡地之土地，擬申請開發為住宅社區，下列何者屬規劃開發者應配合辦理之事項？　【困難】
(A) 基地內之原始地形在坵塊圖上之平均坡度在 55% 以上之地區，其面積之 80% 以上土地應維持原始地形地貌，列為不可開發區
(B) 坵塊圖上之平均坡度在 40% 以上未逾 55% 之地區，以作為開放性之公共設施或必要性服務設施使用為限，不得作為建築基地（含法定空地）
(C) 申請開發基地之面積在 10 公頃以下者，原始地形在坵塊圖上之平

均坡度在 40% 以下之土地面積應占全區總面積 30% 或 3 公頃以上

(D) 保育區面積不得小於扣除不可開發區面積後之剩餘基地面積之 40%。保育區面積之 70% 以上應維持原始之地形地貌，不得開發

（C）3. 非都市土地之山坡地擬申請開發住宅社區，下列敘述何者正確？

【簡單】

(A) 申請開發基地位於一般農業區者，面積須為 1 公頃以上

(B) 引用政府相關專業機關提供之潛在地質災害分析資料時，即可免經依法登記開業之相關地質專業技師簽證

(C) 開發基地若位於地質法公告之地質敏感區且依法應進行基地地質調查及地質安全評估者，應納入地質敏感區基地地質調查及地質安全評估結果

(D) 基地內劃設之保育區，應完全維持原始之地形面貌，不得開發

（D）4. 非都市土地開發為了保育與利用並重所劃設之保育區，以下敘述何者錯誤？

【適中】

(A) 保育區需連貫，並盡量集中且具完整性

(B) 曾經先行違規整地者，在提供補充復育計畫之條件下，仍可以計入保育區範圍

(C) 保育區面積之 70% 以上應維持原始之地形地貌不得開發

(D) 坡度為 30% 之地形，該地形範圍應優先列為保育區

四十七、非都市土地開發審議作業規範第 9-1 條

關鍵字與法條	條文內容
【非都市土地開發審議作業規範 #9-1】	申請開發基地內如有夾雜之零星屬於第一級環境敏感地區之土地，須符合下列情形，始得納入開發基地： （一）納入之夾雜地須**基於整體開發規劃之需要**。 （二）**夾雜地仍維持原使用分區及原使用地類別**，或**同意變更為國土保安用地**。 （三）夾雜地不得計入保育區面積計算。 （四）面積不得超過基地開發面積之**百分之十或二公頃**，且扣除夾雜土地後之基地開發面積仍應大於得辦理土地使用分區變更規模。 （五）應擬定夾雜地之管理維護措施。

題庫練習：

（D）　辦理非都市土地變更，申請人應擬具興辦事業計畫，其範圍有夾雜限制發展地區之零星土地者，下列何種情況不得納入申請範圍？　【適中】
(A) 基於整體開發之需要
(B) 夾雜地同意變更為國土保安用地
(C) 夾雜地維持原使用分區及原使用地類別
(D) 面積超過基地開發面積 1/10

四十八、非都市土地開發審議作業規範第 40 條

關鍵字與法條	條文內容
基地邊界設置緩衝綠帶 【非都市土地開發審議作業規範#40】	申請開發案件之土地使用與基地外周邊土地使用不相容者，應自基地邊界線退縮設置緩衝綠帶。寬度不得小於十公尺，且每單位平方公尺應至少植喬木一株，前述之單位應以所選擇喬木種類之成樹樹冠直徑平方為計算標準。但天然植被茂密經認定具緩衝綠帶功能者，不在此限。 前項緩衝綠帶與區外公園、綠地鄰接部分可縮減五公尺；基地範圍外鄰接依水利法公告之河川區域或海域區者，其鄰接部分得以退縮建築方式辦理，其退縮寬度不得小於十公尺並應植栽綠化，免依前項規定留設緩衝綠帶。 第一項基地範圍緊鄰鐵路、大眾捷運系統、高速公路或十公尺寬以上之公路、已開闢之計畫道路，第一項緩衝綠帶得以等寬度之隔離設施替代。但緊鄰非高架式公路或道路之對向屬住宅、學校、醫院或其他經區域計畫委員會認定屬寧適性高之土地使用者，不得以隔離設施替代。 前項所稱隔離設施應以具有隔離效果之道路、平面停車場、水道、公園、綠地、滯洪池、蓄水池、廣場、開放球場等開放性設施為限。

題庫練習：

（C）　非都市土地申請開發案之土地使用與周邊不相容者，除與區外公園、綠地鄰接外，應自基地邊界設置緩衝綠帶，其寬度至少為多少 m？【困難】
(A) 5　(B) 6　(C) 10　(D) 12

四十九、非都市土地開發審議作業規範第 8 編 7 條、第 8 編 8 條、第 9 編 17 條之 4

關鍵字與法條	條文內容
1. 工業區周邊應劃設 20m 寬之緩衝綠帶或隔離設施 2. 特定農業區設置工業區，其緩衝綠帶或隔離設施之寬度 >30m 3. 設置特殊工業區，其緩衝綠帶或隔離設施之寬度 60m 【非都市土地開發審議作業規範第 8 編 7 條】	**工業區周邊應劃設二十公尺寬之緩衝綠帶或隔離設施**，並應於區內視用地之種類與相容性，在適當位置劃設必要之緩衝綠帶或隔離設施。但在特定農業區設置工業區，其與緊鄰農地之農業生產使用性質不相容者，其緩衝綠帶或隔離設施之寬度不得少於三十公尺；設置特殊工業區，其緩衝綠帶或隔離設施之寬度以六十公尺為原則。
1. 主要道路：>15m 2. 緊急道路：>7m 【非都市土地開發審議作業規範第 8 編 7 條】	工業區應依開發面積、工業密度、及出入交通量，設置二條以上獨立之聯絡道路，其**主要聯絡道路路寬不得小於十五公尺**。 前項聯絡道路其中一條作為緊急通路，其**寬度不得小於七公尺**。
設置住宅社區，面積不得超過總面積之 10% 【非都市土地開發審議作業規範第 9 編 17 條之 4】	第四種：住宅社區用地 工業區得設置住宅社區，設置規模應依居住人口計算。但面積不得超過工業區內扣除公共設施後**總面積之 10%**

題庫練習：

(D)　非都市土地規劃申請為工業區時，下列敘述何者正確？　　　【困難】
  (A) 一律必須劃設 20 公尺寬度之隔離綠帶或設施
  (B) 設置二條獨立出入交通聯絡道路，其主要道路路寬不得小於 10 公尺，緊急道路寬度不得小於 4.5 公尺

(C) 留設總面積 30% 之面積地區做為保育區，且不得改變地形地貌

(D) 得設置住宅社區，面積不得超過總面積之 5% 為原則

五十、都市計畫工商綜合專用區審議規範第 13 條

關鍵字與法條	條文內容
百分之八十 【都市計畫工商綜合專用區審議規範 #13】	基地內之原始地形在坵塊圖之平均坡度超過百分之三十以上之地區，其面積之**百分之八十**以上土地應維持原始地形地貌，不可開發。但得作為生態綠地，其餘部分得就整體規劃需要開發建築。

題庫練習：

(D)	依都市計畫工商綜合專用區審議規範，申請變更為工商綜合專用區者，其基地內之原始地形在坵塊圖之平均坡度超過 30% 以上之地區，該土地面積之百分之多少以上應維持原始地形地貌，不可開發？　　【困難】 (A) 50　(B) 60　(C) 70　(D) 80

五十一、都市計畫工商綜合專用區審議規範第 30、31、32 條

關鍵字與法條	條文內容
【都市計畫工商綜合專用區審議規範 #30】	工商綜合專用區內得以平面或立體方式規劃供下列一種或數種之使用： （一）綜合工業：指提供試驗研究、公害輕微之零件組合裝配或商業、服務業關聯性較高之輕工業使用者。 （二）倉儲物流：指提供從事商品之研發、倉儲、理貨、包裝、或配送等使用者。 （三）工商服務及展覽：指提供設置金融、工商服務、旅館、會議廳及商品展覽場等使用者。 （四）修理服務：指提供汽機車修理服務、電器修理服務及中古貨品買賣等使用者。 （五）批發量販：指提供以棧板貨架方式陳列商品之賣場，並得結合部分小商店之使用者。 （六）購物中心：指提供設置結合購物、休閒、文化、娛樂、飲食、展示、資訊等設施之使用者。

關鍵字與法條	條文內容
【都市計畫工商綜合專用區審議規範#31】	工商綜合專用區內扣除生態綠地及相關必要性服務設施後之可建築基地，其總容積率不得超過百分之三百六十。但原都市計畫書規定之容積率或已依法建築使用之容積超過者，得由各級都市計畫委員會依該地區實際發展情況酌予調整。
【都市計畫工商綜合專用區審議規範#32】	工商綜合專用區之建蔽率，除單獨作倉儲物流使用者，不得超過百分之八十外，其餘均不得超過百分之六十。

題庫練習：

（C）	工商綜合專用區內得以平面或立體方式規劃，有關其容許使用項目，下列何者錯誤？　　　　　　　　　　　　　　　　　　　　　　【適中】 (A) 綜合工業及修理服務　　　(B) 修理服務及批發量販 (C) 購物中心及辦公大樓　　　(D) 工商服務及展覽

五十二、國有財產法第 53 條

關鍵字與法條	條文內容
面積未達 1650m^2【國有財產法#53】	非公用財產類之空屋、空地，並無預定用途，面積未達一千六百五十平方公尺者，得由財政部國有財產局辦理標售。面積在一千六百五十平方公尺以上者，不得標售。

題庫練習：

（A）	依「國有財產法」及「都市更新事業範圍內國有土地處理原則」之規定，有關國有土地之敘述，何者正確？　　　　　　　　　　　　　【適中】 (A) 非公用財產類之空屋、空地，並無預定用途，面積未達 1650m2 者，得由財政部國有財產局辦理標售 (B) 國有土地不論任何情況，一律不得標售 (C) 國有土地一律參加相鄰私有土地之都市更新 (D) 非公用財產類之空屋、空地，並無預定用途，面積若在 1000m2 以上者，不得標售

五十三、公有建築物綠建築標章推動使用作業要點第 2 條

關鍵字與法條	條文內容
用語定義 【公有建築物綠建築標章推動使用作業要點 #2】	（一）**綠建築標章**：指取得使用執照、或既有合法之公有建築物，經審查通過合於綠建築評估指標標準，報本部核定取得之標章。 （二）**候選綠建築證書**：指尚在規劃設計中、或施工中之公有建築物，經審查通過合於綠建築評估指標標準，報本部核定取得之證書。 （三）綠建築標章申請人：指公有建築物之管理機關（或單位）首長。 （四）候選綠建築證書申請人：指公有建築物之機關（或單位）首長或為建造執照上登記之起造人。 （五）標章使用人：指原申請人通過審查取得綠建築標章者。 （六）候選證書使用人：指原申請人通過審查取得候選綠建築證書者。 （七）分級評估：依照「綠建築解說與評估手冊」所訂定之分級評估方法劃分綠建築等級。分級評估等級由合格至最優等依序為**合格級、銅級、銀級、黃金級、鑽石級等五級**。

題庫練習：

（ABCD）	有關公有建築物綠建築標章推動使用作業要點之敘述，下列何者錯誤？　　　　　　　　　　　　　　　　　　　　【非常困難】 (A)「綠建築標章」指取得使用執照建築物，經審查合於綠建築評估指標標準，報內政部核定取得之標章 (B) 綠建築分級評估劃分有銅級、銀級、黃金級及鑽石級等共四級 (C)「候選綠建築證書」指完成設計或尚未完工之建築物，經審查通過合於綠建築評估指標標準，報內政部核定取得之證書 (D) 公有新建建築物且其工程造價大於新臺幣五千萬元以上，適用本作業要點

五十四、危險性工作場所審查及檢查辦法第 2 條

關鍵字與法條	條文內容
必須申請危險性工程評估 【危險性工作場所審查及檢查辦法#2】	四、丁類：指下列之營造工程： （一）建築物高度在八十公尺以上之建築工程。 （二）單跨橋梁之橋墩跨距在七十五公尺以上或多跨橋梁之橋墩跨距在五十公尺以上之橋梁工程。 （三）採用壓氣施工作業之工程。 （四）長度一千公尺以上或需開挖十五公尺以上豎坑之隧道工程。 （五）**開挖深度達十八公尺以上，且開挖面積達五百平方公尺以上之工程。** （六）工程中模板支撐高度七公尺以上，且面積達三百三十平方公尺以上者。 五、其他經中央主管機關指定公告者。

題庫練習：

> （B）　依勞動檢查法第二十六條及營造工程危險性工作場所修正指定公告之規定，下列哪一工程必須申請危險性工程評估？　　　　　　【困難】
> (A) 地上八層地下四層，每層 450 平方公尺之辦公大樓
> (B) 地上八層地下四層，每層 500 平方公尺之集合住宅
> (C) 地上四層地下一層，每層樓高 6 公尺，每層 1500 平方公尺之商場
> (D) 地上八層地下三層，每層 800 平方公尺之大學研究教學大樓

五十五、觀光旅館事業管理規則第 9 條

關鍵字與法條	條文內容
觀光旅館申請之程序 【觀光旅館事業管理規則#9】	經核准籌設之申請經營觀光旅館業者，應於期限內完成下列事項： 一、於核准籌設之日起**二年內**依建築法相關規定，向當地建築主管機關申請**核發用途**為觀光旅館之建造執照依法興建，並於**取得建造執照之日起十五日內**報交通部備查。 二、於取得**建造執照之日起五年內**向當地建築主管機關申請核發用途為觀光旅館之**使用執照**，並於取得使用執照之日起十五日內報交通部備查。 三、供作觀光旅館使用之建築物已領有使用執照者，於核准籌設之日起二年內向當地建築主管機關申請核發用途為觀光旅館之使用執照，並於取得使用執照之日起十五日內報交通部備查。

關鍵字與法條	條文內容
	四、於取得用途為觀光旅館之使用執照之日起一年內依第十二條規定申請營業。

題庫練習：

（C）　依「觀光旅館事業管理規則」之規定，觀光旅館申請之程序為何？
【簡單】
(A) 取得建造執照後方得向主管機關申請籌設觀光旅館
(B) 取得使用執照後方得向主管機關申請籌設觀光旅館
(C) 向主管機關申請籌設觀光旅館核准後方得申請建造執
(D) 申請使用執照時才須向主管機關申請籌設觀光旅館

五十六、古蹟管理維護辦法第 2、12 條

關鍵字與法條	條文內容
建造費用百分比法可計入建造費用計算？ 【古蹟管理維護辦法 #2】	本法第二十三條第二項所定管理維護計畫，其內容應包括下列事項： 一、古蹟概況。 二、管理維護組織及運作。 **三、日常保養及定期維修。** 四、使用或再利用經營管理。 五、防盜、防災、保險。 六、緊急應變計畫。 七、其他管理維護之必要事項。 古蹟類型特殊者，經主管機關同意，得擇前項各款必要者訂定管理維護計畫，不受前項規定之限制。 **古蹟指定公告後六個月內**，所有人、使用人或管理人應訂定前二項管理維護計畫，並依本法第二十三條第二項規定報主管機關備查；修正時亦同。 第一項及第二項管理維護計畫除有重大事項發生應立即檢討外，**每五年應至少檢討一次。**
防災計畫，並於管理維護計畫中載明 【古蹟管理維護辦法 #12】	第二條第一項第五款所定防災事項，應兼顧人身安全之保護及文化資產價值之完整保存。 古蹟之所有人、使用人或管理人，應訂定防災計畫，並於管理維護計畫中載明；其內容應包括下列事項：

關鍵字與法條	條文內容
	一、**災害風險評估**：指依古蹟環境、構造、材料、用途、災害歷史及地域上之特性，按火災、水災、風災、土石流、地震及人為等災害類別，分別評估其發生機率，並訂定防範措施。 二、**災害預防**：指防災編組、演練、使用管理、巡查、用火管制、設備檢查及設置警報器與消防器材等措施。 三、**災害搶救**：指災害發生時，編組人員得及時到位，投入救災及文物搶救之措施。 四、**防災演練**：指依災害預防措施，檢驗其防災功能及模擬災害情況，實際操作救災搶險之措施。 前項防災計畫之執行，由古蹟所有人、使用人或管理人為召集人，並由古蹟所在地村（里）長與居民、社會公正熱心人士等組成防災編組，必要時得由主管機關協助，並請當地消防與其他防災主管機關指導。

題庫練習：

（B）	有關古蹟管理維護辦法，下列敘述何者錯誤？　　　　【適中】 (A) 古蹟管理維護計畫除有重大事項發生應立即檢討外，每 5 年應至少檢討一次 (B) 古蹟所有人、使用人或管理人應於古蹟指定公告後 1 年內，擬定管理維護計畫 (C) 古蹟防災計畫之內容應包括災害風險評估、災害預防、災害搶救及防災演練 (D) 古蹟管理維護計畫所稱之定期維修，須包含生物危害之檢測項目

五十七、文化資產保存法第 26、29、41、30 條

關鍵字與法條	條文內容
不受區域計畫法、都市計畫法、國家公園法、建築法、消防法及其相關法規全部或一部之限制 【文化資產保存法 #26】	為利古蹟、歷史建築、紀念建築及聚落建築群之修復及再利用，有關其建築管理、土地使用及消防安全等事項，不受區域計畫法、都市計畫法、國家公園法、建築法、消防法及其相關法規全部或一部之限制；其審核程序、查驗標準、限制項目、應備條件及其他應遵行事項之辦法，由中央主管機關會同內政部定之。

關鍵字與法條	條文內容
不受政府採購法限制 【文化資產保存法#29】	政府機關、公立學校及公營事業辦理古蹟、歷史建築、紀念建築及聚落建築群之修復或再利用，其採購方式、種類、程序、範圍、相關人員資格及其他應遵行事項之辦法，由中央主管機關定之，**不受政府採購法限制**。但不得違反我國締結之條約及協定。
所稱「其他地方」 【文化資產保存法#41】	古蹟除以政府機關為管理機關者外，其所定著之土地、古蹟保存用地、保存區、其他使用用地或分區內土地，因古蹟之指定、古蹟保存用地、保存區、其他使用用地或分區之編定、劃定或變更，致其原依法可建築之基準容積受到限制部分，得等值移轉至其他地方建築使用或享有其他獎勵措施；其辦法，由內政部會商文化部定之。 前項**所稱其他地方，係指同一都市土地主要計畫地區或區域計畫地區之同一直轄市、縣（市）內之地區。但經內政部都市計畫委員會審議通過後，得移轉至同一直轄市、縣（市）之其他主要計畫地區。** 第一項之容積一經移轉，其古蹟之指定或古蹟保存用地、保存區、其他使用用地或分區之管制，不得任意廢止。 經土地所有人依第一項提出古蹟容積移轉申請時，主管機關應協調相關單位完成其容積移轉之計算，並以書面通知所有權人或管理人。
主管機關於必要時得補助之 【文化資產保存法#30】	**私有之古蹟、歷史建築、紀念建築及聚落建築群之管理維護、修復及再利用所需經費，主管機關於必要時得補助之。** 歷史建築、紀念建築之保存、修復、再利用及管理維護等，準用第二十三條及第二十四條規定。

題庫練習：

（B）1. 文化資產保存法中古蹟保存用地因古蹟之指定，致其原依法可建築之基準容積受限制部分，得等值的轉至其他地方建築使用，所稱「其他地方」，下列敘述何者錯誤？　　　　　　　　　　【簡單】

    (A) 指同一都市土地主要計畫地區

    (B) 區域計畫地區之不同直轄市、縣（市）內之地區

    (C) 經內政部都市計畫委員會審議通過後，得移轉至同一直轄市、縣（市）之其他主要計畫地區

    (D) 容積一經移轉，古蹟保存用地之管制，不得任意解除

（A）2. 依據文化資產保存法，下列敘述何者錯誤？　　　　　　　　　【困難】

    (A) 古蹟保存用地原依法可建築之基準容積受到限制部分，得等值移轉

（B）政府機關辦理古蹟、歷史建築及聚落之修復或再利用有關之採購，應依中央主管機關訂定之採購 辦法辦理，不受政府採購法限制

（C）為利古蹟、歷史建築及聚落之修復及再利用，有關其建築管理、土地使用及消防安全等事項，不受都市計畫法、建築法、消防法及其相關法規全部或一部分之限制

（D）私有古蹟、歷史建築及聚落之管理維護、修復再利用所需經費，主管機關得酌予補助

五十八、文化資產保存法第 3、8、9、10 條

關鍵字與法條	條文內容
歷史、藝術、科學等文化價值 【文化資產保存法 #3】	本法所稱文化資產，指具有**歷史、藝術、科學等文化價值，並經指定或登錄之下列有形及無形文化資產**。
公有文化資產辦理保存、修復及管理維護 【文化資產保存法 #8】	本法所稱公有文化資產，指國家、地方自治團體及其他公法人、公營事業所有之文化資產。 **公有文化資產，由所有人或管理機關（構）編列預算，辦理保存、修復及管理維護。**主管機關於必要時，得予以補助。 前項補助辦法，由中央主管機關定之。 中央主管機關應寬列預算，專款辦理原住民族文化資產之調查、採集、整理、研究、推廣、保存、維護、傳習及其他本法規定之相關事項。
得依法提起訴願及行政訴訟 【文化資產保存法 #9】	主管機關應尊重文化資產所有人之權益，並提供其專業諮詢。 前項文化資產所有人對於其財產被主管機關認定為文化資產之行政處分不服時，**得依法提起訴願及行政訴訟**。
接受政府補助之文化資產，並送主管機關妥為收藏且定期管理維護，其辦法由中央主管機關定之 【文化資產保存法 #10】	公有及**接受政府補助之文化資產**，其調查**研究、發掘、維護、修復、再利用、傳習、記錄**等工作所繪製之圖說、攝影照片、蒐集之標本或印製之報告等相關資料，均應予以列冊，**並送主管機關妥為收藏且定期管理維護**。 前項資料，除涉及國家安全、文化資產之安全或其他法規另有規定外，主管機關應主動以網路或其他方式公開，如有必要應移撥相關機關保存展示，**其辦法由中央主管機關定之**。

題庫練習：

（D）　依文化資產保存法規定，下列敘述何者正確？　　　　　【適中】
　　　(A) 文化資產是指具有歷史、文化、藝術、經濟、科學等價值，並經指定或登錄之資產
　　　(B) 公有之文化資產，由所有或管理機關（構）編列預算，辦理保存、修復、重建及管理維護
　　　(C) 文化資產所有人對於其財產被主管機關認定為文化資產之行政處分不服時，不得提起訴願及行政訴訟
　　　(D) 接受政府補助之文化資產，其調查研究、發掘、維護、修復、再利用等相關資料均應予以列冊，並送主管機關妥善收藏

五十九、文化資產保存法第 33、39 條

關鍵字與法條	條文內容
【文化資產保存法 #33】	發見具古蹟、歷史建築、紀念建築及聚落建築群價值之建造物，應即通知主管機關處理。 營建工程或其他開發行為進行中，發見具古蹟、歷史建築、紀念建築及聚落建築群價值之建造物時，應即停止工程或開發行為之進行，並報主管機關處理。
屬主管機關所依據之相關法令【文化資產保存法 #39】	主管機關得就第三十七條古蹟保存計畫內容，依**區域計畫法、都市計畫法或國家公園法**等有關規定，編定、劃定或變更為古蹟保存用地或保存區、其他使用用地或分區，並依本法相關規定予以保存維護。 前項古蹟保存用地或保存區、其他使用用地或分區，對於開發行為、土地使用，基地面積或基地內應保留空地之比率、容積率、基地內前後側院之深度、寬度、建築物之形貌、高度、色彩及有關交通、景觀等事項，得依實際情況為必要規定及採取必要之獎勵措施。 前二項規定於歷史建築、紀念建築準用之。 中央主管機關於擬定經行政院核定之國定古蹟保存計畫，如影響當地居民權益，主管機關除得依法辦理徵收外，其協議價購不受土地徵收條例第十一條第四項之限制。

題庫練習：

> (D)　文化資產保存法中，針對維護古蹟並保全其環境，使成為古蹟保存用地
> 或保存區，下列何者非屬主管機關所依據之相關法令？　　　　【困難】
> (A) 區域計畫法　　(B) 國家公園法　　(C) 都市計畫法　　(D) 建築法

六十、文化資產保存法第 27、32、103、99 條

關鍵字與法條	條文內容
災後三十日內提報搶修計畫 【文化資產保存法 #27】	因重大災害有辦理古蹟緊急修復之必要者，其所有人、使用人或管理人應於**災後三十日內提報搶修計畫**，並於災後六個月內提出修復計畫，均於主管機關核准後為之。 私有古蹟之所有人、使用人或管理人，提出前項計畫有困難時，主管機關應主動協助擬定搶修或修復計畫。 前二項規定，於歷史建築、紀念建築及聚落建築群之所有人、使用人或管理人同意時，準用之。 古蹟、歷史建築、紀念建築及聚落建築群重大災害應變處理辦法，由中央主管機關定之。
優先購買之權 【文化資產保存法 #32】	古蹟、歷史建築或紀念建築及其所定著土地所有權移轉前，應事先通知主管機關；其屬私有者，除繼承者外，主管機關有依同樣條件優先購買之權。
處六個月以上五年以下有期徒刑，得併科新臺幣五十萬元以上二千萬元以下罰金 【文化資產保存法 #103】	有下列行為之一者，處六個月以上五年以下有期徒刑，得併科新臺幣五十萬元以上二千萬元以下罰金： 一、違反第三十六條規定遷移或拆除古蹟。 二、**毀損古蹟、暫定古蹟之全部、一部或其附屬設施**。 三、毀損考古遺址之全部、一部或其遺物、遺跡。 四、毀損或竊取國寶、重要古物及一般古物。 五、違反第七十三條規定，將國寶、重要古物運出國外，或經核准出國之國寶、重要古物，未依限運回。 六、違反第八十五條規定，採摘、砍伐、挖掘或以其他方式破壞自然紀念物或其生態環境。 七、違反第八十六條第一項規定，改變或破壞自然保留區之自然狀態。 前項之未遂犯，罰之。
免徵房屋稅及地價稅 【文化資產保存法 #99】	1. **私有古蹟、考古遺址及其所定著之土地**，免徵房屋稅及地價稅。 2. 私有歷史建築、紀念建築、聚落建築群、史蹟、文化景觀及其所定著之土地，得在百分之五十範圍內減徵房屋稅及地價稅；其減免範圍、標準及程序之法規，由直轄市、縣（市）主管機關訂定，報財政部備查。

題庫練習：

（D）　有關文化資產保存法內容之敘述，下列何者錯誤？　　　　　【適中】
　　　(A) 因重大災害有辦理古蹟緊急修復之必要者，應於災後 30 日內提報搶修計畫，並於災後 6 個月內提 出修復計畫
　　　(B) 古蹟及其所定著土地所有權移轉前，應事先通知主管機關；其屬私有者，除繼承者外，主管機關有依同樣條件優先購買之權
　　　(C) 毀損古蹟之全部、一部或其附屬設施，處 5 年以下有期徒刑、拘役或科或併科新臺幣 20 萬元以上 100 萬元以下罰金
　　　(D) 私有歷史建築、聚落、文化景觀及其所定著土地，免徵房屋稅及地價稅

六十一、中央法規標準法第 2、3 條

關鍵字與法條	條文內容
法律 【中央法規標準法 #2】	法律得定名為法、律、條例或通則。
各機關發布之命令 【中央法規標準法 #3】	各機關發布之命令，得依其性質，稱規程、規則、細則、辦法、綱要、標準或準則。
「法律授權」之法規命令名稱用語	【規則】 屬於規定應行**遵守**或應行照辦之事項者稱之。 【辦法】 屬於規定**辦理事務之方法、時限或權責**者稱之。 【細則】 屬於規定**法規之施行事項或就法規另行補充解釋**者稱之。 【準則】 屬於規定**作為之準據、範式或程序**者稱之。

題庫練習：

（A）1.　依據中央法規標準法規定，下列何者非為各機關發布之命令？【適中】
　　　(A) 通則　　(B) 規程　　(C) 規則　　(D) 細則
（C）2.　依中央法規標準法第 3 條所述「各機關發布之命令，得依其性質，稱規程、規則、細則、辦法、綱要、標準或準則。」下列相關法規名稱用

法何者正確？　　　　　　　　　　　　　　　　　　【適中】

(A) 屬於規定應行遵守或應行照辦之事項者稱之「辦法」，如非都市土地使用管制辦法

(B) 屬於規定辦理事務之方法、時限或權責者稱之「規則」，如違章建築處理規則

(C) 屬於規定法規之施行事項或就法規另行補充解釋者稱之「細則」，如區域計畫法施行細則

(D) 屬於規定機關組織、處務準據者稱之「規程」，如營造業組織規程

六十二、水土保持法第一章總則第 3 條

關鍵字與法條	條文內容
保護帶 【水土保持法第一章總則 #3】	本法專用名詞定義如下： 一、水土保持之處理與維護：係指應用工程、農藝或植生方法，以保育水土資源、維護自然生態景觀及防治沖蝕、崩塌、地滑、土石流等災害之措施。 二、水土保持計畫：係指為實施水土保持之處理與維護所訂之計畫。 三、山坡地：係指國有林事業區、試驗用林地、保安林地，及經中央或直轄市主管機關參照自然形勢、行政區域或保育、利用之需要，就合於下列情形之一者劃定範圍，報請行政院核定公告之公、私有土地： （一）標高在一百公尺以上者。 （二）標高未滿一百公尺，而其平均坡度在百分之五以上者。 四、集水區：係指溪流一定地點以上天然排水所匯集地區。 五、特定水土保持區：係指經中央或直轄市主管機關劃定亟需加強實施水土保持之處理與維護之地區。 六、水庫集水區：係指水庫大壩（含離槽水庫引水口）全流域稜線以內所涵蓋之地區。 七、保護帶：係指特定水土保持區內應依法定林木造林或維持自然林木或植生覆蓋而不宜農耕之土地。 八、保安林：係指森林法所稱之保安林。

題庫練習：

(C)	依水土保持法規之規定，下列敘述何者**錯誤**？　　【適中】 (A) 所謂山坡地超限利用，係指依山坡地保育利用條例規定查定為宜林地

或加強保育地內，從事農、漁、牧業之墾殖、經營或使用者。但不包括依區域計畫法編定為農牧用地，或依都市計畫法、國家公園 法及其他依法得為農、漁、牧業之墾殖、經營或使用

(B) 水土保持義務人於山坡地或森林區內開發建築用地，應先擬具水土保持計畫，送請主管機關核定

(C) 所謂保護帶，係指特定水土保持區內維持農耕而不宜開發建築之土地

(D) 山坡地坡度陡峭，具危害公共安全之虞者，應劃定為特定水土保持區

六十三、山坡地建築管理辦法第 4 條

關鍵字與法條	條文內容
起造人申請雜項執照時，應檢附之文件？ 【山坡地建築管理辦法 #4】	起造人申請雜項執照，應檢附下列文件： 一、申請書。 二、土地權利證明文件。 三、工程圖樣及說明書。 四、水土保持計畫核定證明文件或免擬具水土保持計畫之證明文件。 五、依環境影響評估法相關規定應實施環境影響評估者，檢附審查通過之文件。

題庫練習：

（D）　依山坡地建築管理辦法規定，下列何項非屬於起造人申請雜項執照時，應檢附之文件？　　　　　　　　　　　　　　　　　　　【簡單】

(A) 申請書

(B) 土地權利證明文件

(C) 水土保持計畫核定證明文件或免擬具水土保持計畫之證明文件

(D) 工程合約書

六十四、其他

題庫練習：

（B）1.　依行政院公共工程委員會制定之「公共工程技術服務契約範本」，甲方及乙方因豪雨致未能依時履約者，得展延履約期限，所謂豪雨是指降

雨量達何標準？　　　　　　　　　　　　　　　　　　　【適中】

(A) 48 小時累積雨量達 130 毫米以上

(B) 24 小時累積雨量達 130 毫米以上

(C) 24 小時累積雨量達 100 毫米以上

(D) 48 小時累積雨量達 200 毫米以上

正確解答：

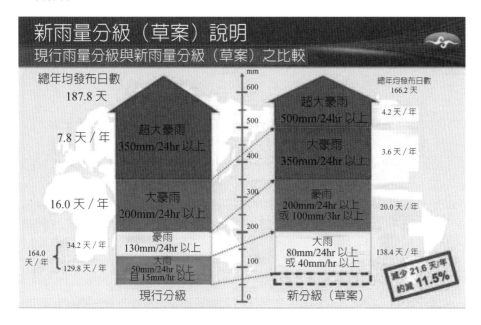

（C）2. 按都市計畫公共設施用地多目標使用辦法，停車場用地類別，擬作商場空間使用，其面臨之道路寬度至少應在多少公尺以上？　　【適中】

(A) 8　(B) 10　(C) 12　(D) 15

（A）3. 有關非都市土地開發土地辦理開發許可之相關書圖及審查審議單位之敘述，下列何者錯誤？　　　　　　　　　　　　　　　　【困難】

(A) 工商綜合區興辦事業計畫由經濟部工業局審查

(B) 水土保持規劃書由行政院農業委員會審議

(C) 土地使用計畫由內政部區域計畫委員會審查

(D) 土地基本資料由縣市政府查核

（C）4. 有關非都市土地開發土地使用變更在開發許可核定後申請雜項執照之敘述，下列何者錯誤？　　　　　　　　　　　　　　【非常困難】

(A) 一年內須申請

(B) 可申請展期，展期不得超過一年

(C) 展期以一次為限

(D) 逾期由直轄市或縣（市）政府提報廢止

（B）5. 非都市土地開發土地辦理使用變更，在辦理變更編定為允許之使用分區及使用地前應完成事項之順序為何？①雜項執照②公共設施用地分割③雜項工程使用執照④公共設施移轉登記 【困難】

(A) ②④①③ (B) ①③②④ (C) ②①③④ (D) ①②③④

（ABCD）6. 有關政府採購法第三章決標之規定，下列敘述何者錯誤？

【非常困難】

(A) 最有利標決標，應依招標規定之評審項目，就廠商投標標的，作序位或計數之綜合評選

(B) 最有利標評選結果，評選委員會無法達成過半數之決定時，得採行協商措施，若協商仍無結果則予以廢標

(C) 機關辦理採購，依規定通知廠商說明、減價、協商或重新報價，廠商未依通知期限辦理者，視同放棄

(D) 機關辦理採購，決標後一定期間內，將決標結果之公告刊登於政府採購公報，並以書面通知各投標廠商

（B）7. 某企業總部大樓為 10 層樓高之防火構造建築物，擬變更建築物停車空間之汽車及機車車位之數量、使用面積與位置，依建築法之規定應辦理： 【簡單】

(A) 變更建築執照(B) 　　　　變更建築使用執照

(C) 室內裝修許可(D) 　　　　變更雜項使用執照

（D）8. 污水處理廠（設施）於非都市土地變更作業流程中，應於何時程興建完成？ 【適中】

(A) 雜項執照申請前 (B) 雜項使用執照取得前

(C) 建築執照申請前 (D) 建築使用執照取得前

（A）9. 根據業主與營造廠的合約，有責任支付下包工程款的單位為：

【非常簡單】

(A) 營造廠 (B) 業主 (C) 建築師 (D) 專案管理

（B）10. 非都市土地申請開發許可階段，基地夾雜部分國有土地且需納入申請範圍時，有關申請人應辦理之項目，下列敘述何者正確？ 【簡單】

(A) 向當地縣市政府土地主管機關辦理申購文件

(B) 向財政部國有財產局申請國有土地合併開發證明文件

(C) 可先行納入申請範圍，待開發許可取得後，再行洽購

(D) 絕不可納入申請範圍，必須排除

（B）11. 公共工程若因可歸責於業主之緣故，致使工程停工、建築執照過期，若要完成本工程，下列敘述何者正確？　【非常簡單】
(A) 建築師可要求承造廠商繼續施工，直到申請使用執照時補辦相關程序
(B) 建築師先依規定辦理展期，並協助業主辦理必要之合約變更後再要求承商依約復工
(C) 業主逕行解除與承造廠商的合約並重新招標以使工程順利完工
(D) 業主可依工程合約直接指示承造廠商，不用透過建築師申請展期後再施工

（D）12. 依據「機關委託技術服務評選及計費辦法」，下列何者不能被計入設計費計算？　【適中】
(A) 實際施工成本　　　　　　(B) 變更設計加減帳結果
(C) 假設工程費　　　　　　　(D) 綜合保險費

國家圖書館出版品預行編目資料

專門職業及技術人員高考建築師營建法規與
實務考試完勝寶典. 下, 國土計畫法、區域
計畫法；非都市土地使用管制法規；公寓大
廈管理條例；營造業法；政府採購法及其子
法、契約與規範；無障礙設施相關法規；其
他相關法規／邱朝暉, 高士峯著. ——初
版.——臺北市：五南圖書出版股份有限公
司, 2024.04
面；　公分
ISBN 978-626-393-234-0（平裝）
1.CST：建築師　2.CST：營建法規　3.CST：
考試指南

441.51　　　　　　　　　　113004158

5G57

專門職業及技術人員高考建築師營建法規與實務考試完勝寶典（下冊）：

國土計畫法、區域計畫法；非都市土地使用管制法規；公寓大廈管理條例；營造業法；政府採購法及其子法、契約與規範；無障礙設施相關法規；其他相關法規

作　　　者— 邱朝暉（152.4）、高士峯

發 行 人— 楊榮川

總 經 理— 楊士清

總 編 輯— 楊秀麗

副總編輯— 王正華

責任編輯— 金明芬

封面設計— 封怡彤

出 版 者— 五南圖書出版股份有限公司

地　　　址：106台北市大安區和平東路二段339號4樓

電　　　話：(02)2705-5066　　傳　真：(02)2706-6100

網　　　址：https://www.wunan.com.tw

電子郵件：wunan@wunan.com.tw

劃撥帳號：01068953

戶　　　名：五南圖書出版股份有限公司

法律顧問　林勝安律師

出版日期　2024年4月初版一刷

定　　價　新臺幣360元

經典永恆・名著常在

五十週年的獻禮 —— 經典名著文庫

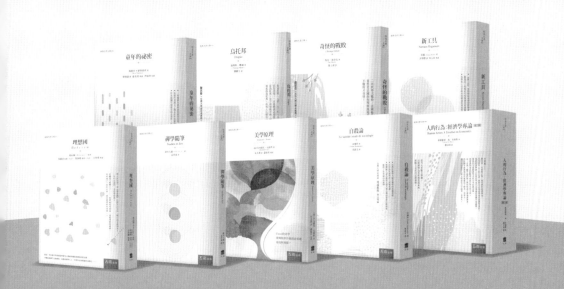

五南，五十年了，半個世紀，人生旅程的一大半，走過來了。

思索著，邁向百年的未來歷程，能為知識界、文化學術界作些什麼？

在速食文化的生態下，有什麼值得讓人雋永品味的？

歷代經典・當今名著，經過時間的洗禮，千錘百鍊，流傳至今，光芒耀人；

不僅使我們能領悟前人的智慧，同時也增深加廣我們思考的深度與視野。

我們決心投入巨資，有計畫的系統梳選，成立「經典名著文庫」，

希望收入古今中外思想性的、充滿睿智與獨見的經典、名著。

這是一項理想性的、永續性的巨大出版工程。

不在意讀者的眾寡，只考慮它的學術價值，力求完整展現先哲思想的軌跡；

為知識界開啟一片智慧之窗，營造一座百花綻放的世界文明公園，

任君遨遊、取菁吸蜜、嘉惠學子！